地方分権と自治体農政

村山元展

日本経済評論社

はしがき

　本書はタイトルに示しているように，国の農政を相対化して地域の取り組みに焦点を当てて自治体レベルの農政を検討したものである．よく「ヒントは現場にある」というが，そのとおりだと思う．今日の農業・農村問題の解決には，地域からの取り組みを評価し，支援することが不可欠である．本書では地域の実態・実践から農政問題を考えるというスタンスを一貫させているつもりである．

　本書は大きく2つのテーマによって構成されている．第1が農地保全のための土地利用調整政策（第1章～第3章）で，第2が地域農業構造政策（第4章～第6章）である．その理由は単にこの間の筆者の調査・研究が，この2つのテーマに修練していたという事情にすぎないが，農地保全と担い手問題は我が国農政問題の最重要な課題である．しかも地方分権が推進される中で，農政分野においても自治体の主体性の発揮が期待されている．

　しかしながら，農政分野では「なんでも分権」とはいかない．それは食料生産と食料確保が重要な国家政策だからである．それゆえ国と地方の適切な役割分担が必要である．特に農地の計画的保全のための土地利用に関する国家レベルでの規制のあり方が論点となるが，これを巡っては規制緩和と地方分権が入り交じり，少なからず混乱が生じている．また自給率向上には農業の担い手の確保が重要であるが，国の担い手限定政策と地域農業の現実の担い手との間にも混乱が生じている．本書ではこうした問題状況を意識して，現場である地域・自治体の目線から課題を検討した．

　急速な農政「改革」が進められているが，研究者がこれに十分な批判的検討を加えることができたかというと，必ずしも十分ではないように思われる．下手な批判をすれば「守旧派」の烙印を押されるこの頃ではあるが，何より

も地域に生きる人たちにこそ真実があるというのが筆者の信念である．調査にご協力していただいた地域に生きる人たちの声を伝えることができたかどうかが，本書の評価軸となるであろう．

　読者の皆さんから忌憚のないご批判をいただきたい．

目　　次

はしがき

第1章　農地保全をめぐる政策展開と課題 …………………………………… 1
　　　　―規制緩和と地方分権―

　1. 課　　題　　1
　2. 都市計画法改正とその特質　　2
　　（1）都市計画区域外の土地利用規制　3
　　（2）線引きの選択制への移行　4
　　（3）開発許可基準の緩和　6
　　（4）特定用途制限地域制度の創設　8
　　（5）制度改正の問題点　9
　3. 農地制度をめぐる近年の農政展開　　12
　　（1）地方分権と農地制度改正　12
　　（2）規制緩和と農地制度改正圧力　16
　　（3）農地制度改正の基本的特徴　22
　4. おわりに　　23

第2章　農村土地利用と土地利用調整条例 …………………………………… 29
　　　　―論点の整理―

　はじめに　　29
　1. 農村土地利用の特徴と土地利用計画手法　　30
　　（1）低密度分散型田園地域論と地区計画の活用　30
　　（2）分散的田園居住空間論と条例の活用　33

(3) 土地利用計画制度の基本課題と条例　37
　2. 地方分権と条例の展開可能性　37
　　　(1) 地方分権推進委員会勧告と条例　37
　　　(2) 条例の展開可能性　40
　3. 土地利用計画をめぐる法と条例　42
　　　(1) 都市計画法と土地利用調整条例　42
　　　(2) 農村地域における法と土地利用調整条例の現段階　43
　4. 土地利用調整条例の課題　45
　　　(1) 土地利用調整条例と法のあり方　45
　　　(2) 住民参加と自治体の役割　46

第3章　土地利用調整条例の挑戦と課題 …………………………… 51

　はじめに　51
　1. 神戸市の土地利用調整条例のねらいと到達点　52
　　　(1) 神戸市の土地利用計画と条例のねらい　52
　　　(2) 条例と土地利用計画制度　54
　　　(3) 条例の仕組みと考え方　55
　　　(4) 条例の実施状況　64
　　　(5) 新田園コミュニティ計画指針の策定　65
　　　(6) 里づくりの3つの取り組み事例　67
　2. 穂高町まちづくり条例　78
　　　(1) 穂高町の概要と条例制定の背景　78
　　　(2) まちづくり条例策定までの経緯　79
　　　(3) 「穂高町土地利用調整基本計画」　80
　　　(4) 「穂高町まちづくり条例」の仕組み　84
　　　(5) 「土地利用調整基本計画」と「まちづくり条例」の成果　86
　　　(6) 穂高区の地区まちづくり協議会　86
　　　(7) 今後の課題　89

3．土地利用調整条例の到達点と課題：神戸市と穂高町　　90
　　　(1) 土地利用調整条例の相違点　90
　　　(2) 条例による土地利用コントロールの仕組み　92
　　　(3) 主体形成　93
　　　(4) 自治体職員の役割　93

第4章　農政の展開と自治体農政の課題　……………………………　97

　　はじめに：国の地域農政と自治体農政　　97
　　1．現代農政の展開　　101
　　　(1) 新政策から新基本法へ　101
　　　(2) 食料・農業・農村基本法下の基本計画—地域運動依存の政策—　104
　　2．経営構造対策と地域マネージメント　　110
　　　(1) 経営構造対策の登場—全国共通目標の設定—　110
　　　(2) 経営構造対策の地域マネージメント　113
　　　(3) 国農政の地域マネージメントの問題点　114
　　3．地域農政論の展開　　115
　　　(1) 地域農政論の登場　115
　　　(2) 今日の地域農政論　116
　　4．自治体農政の課題　　119

第5章　地域農業構造政策と市町村農業公社…………………………　129

　　はじめに　　129
　　1．秋田県琴丘町　　130
　　　(1) 地域の農業構造問題　130
　　　(2) 琴丘町農業公社と地域構造政策　133
　　　(3) 町農業公社の機能と地域農業構造政策の課題　136
　　2．鳥取県岩美町　　137
　　　(1) 地域の農業構造問題　137

(2) 町農業公社設立の経緯とねらい　139
　　(3) 公社の組織と事業　140
　　(4) 公社の機能と地域農業構造政策の課題　142
　3.　島根県斐川町　143
　　(1) 地域の農業構造問題　143
　　(2) 町農政の問題意識と推進体制整備の経緯　145
　　(3) 斐川町農業公社と組織再編　147
　　(4) 農業公社の位置づけと地域農業の課題　149
　4.　まとめ：地域農業構造政策と市町村農業公社　149
　　(1) 自治体農政論と今日の地域農業構造政策　149
　　(2) 地域農業構造政策と市町村農業公社　151

補論　市町村農業公社と集落営農・土地利用型経営　………　156
　1.　斐川町における地域農業構造政策の現段階　156
　　(1) 「斐川町農業再生プラン」の策定　156
　　(2) 斐川町農業公社の農地管理と組織再編　158
　　(3) 集落営農の設立状況　161
　　(4) 担い手の現段階―集落営農と土地利用型経営―　162
　　(5) 地域農業再編と農業公社　168
　2.　阿武町における地域農業構造政策の展開　169
　　(1) 地域の概要と農業構造問題　169
　　(2) 地域農業システム構想　170
　　(3) 流動化の実態と集落営農の位置　173
　　(4) 宇生賀地区における集落営農の取り組み　174
　　(5) 地域農業再編と農業公社　181
　3.　おわりに　182

第6章　自治体農政の地域システムづくり　……………………………… 183
　　―飯田市と青森県における地域合意形成支援―

　はじめに　183
　1．飯田市における地域マネージメント事業　186
　　(1) 飯田市の概要と地域づくりの歴史　186
　　(2) 飯田市農業の動向と課題　187
　　(3) 飯田市農政の基本戦略―都市農村交流の展開―　190
　　(4) 地域マネージメント事業の展開　193
　2．青森県の農業構造政策ローラー作戦と市町村農政　207
　　(1) ローラー作戦のねらいと特徴　207
　　(2) ローラー作戦の推進体制と実施状況　208
　　(3) 地域農業の支援対策　210
　　(4) ローラー作戦の課題―担当者の意見―　211
　　(5) 相馬村における全町一本の稲作組織化　212
　　(6) 十和田市農政と集落単位の稲作組織化　216
　3．おわりに　220

あとがき　224
初出一覧　228

第1章　農地保全をめぐる政策展開と課題
―規制緩和と地方分権―

1. 課　題

　わが国農政における重要課題のひとつが農地保全対策である．当然ではあるが，わが国の国土は平坦地域から山間地域までその存在は多様であり，農地保全問題の様相もそれぞれの地域の置かれている条件によって大きく異なる．本章では都市的土地利用と農業的土地利用が競合する都市近郊地域における農地保全政策のあり方を検討する．農地保全の制度問題状況が明らかになるからである．

　ところで農地保全の制度問題は，単に農地の保全のあり方にとどまらず，わが国農業の担い手問題ともリンクするという複雑な関係を特徴としている．それは，わが国の農地制度の根幹をなす農地法が「農地耕作者主義」を原則とし，それによって農地転用規制が根拠づけられるという構造をなしているからである．後述のように，近年の規制緩和の中で，効率的・安定的経営体として株式会社の土地利用型農業への参入が政策課題として幾度となく浮上しており，そこで常に農地転用の規制システムの再編が問題とされていることには，こうした制度的背景が存在しているのである．

　他方，都市近郊地域の多くが都市計画区域に指定されているが，後に具体的にみるように，地方分権と規制緩和政策の中で，その制度的枠組みが大きく転換してきている．それは当然ながら都市近郊における計画的な農地保全の取り組みにも大きなインパクトを及ぼすことになる．わが国では都市計画

のみならず農業や法律に関わる多くの研究者や行政関係者が「開発不自由の原則」を口にし，その重要性を主張する．その通りである．しかし問題は，開発サイドの政策が果たしてそうした方向に動いているかどうかである．農政サイドが農地保全政策を考える上で，この点への目配りが不可欠である．

こうして本稿では，計画的な農地保全をめぐる農業と都市の両サイドにおける近年の政策展開を取り上げ，その特徴と問題点の構図を描き出すことを課題としている．

2. 都市計画法改正とその特質

本節では「今回の都市計画法改正に携わった担当者が都市計画制度の改正に当たっての論点について，その背景や経過を含めて語ったものを整理した」という，都市計画法制研究会『改正都市計画法の論点』（以下『論点』）を中心に取り上げ，特に土地利用規制との関わりに絞って，2000年都市計画法の主要改正点の特質と問題点を整理する．

ところで，この『論点』では2000年都市計画法改正の背景を「地方分権の流れと住民意識の変化」として特徴づけている．すなわち，①地方分権の中で都市計画制度を変えることが求められていること，②住民のまちづくりへの関心・意識が高まったことにより，「都市計画の目的である個性的なまちづくりという観点から本腰を入れる」ことができる環境が整ったのであり，「分権の思想を背景に市町村がもっと自由に使える制度として都市計画を見直」すべきとの要請があったとしている[1]．たしかに地方分権のための制度改正は重要な課題ではあるが，後述するようにそれが規制緩和によって実現されるという考え方の上に成り立っていることを最大の特徴としている．こうした考え方が果たして都市計画が抱える今日的な問題，特に本稿との関連でいえば，市街化調整区域や都市近郊の農村地域に広がる無秩序な開発のコントロールに本当に貢献できるのか，このことが問われている．

(1) 都市計画区域外の土地利用規制

　制度改正の第1は「準都市計画区域制度」の導入である．これは都市計画制度を使って，都市計画区域外の地域においても土地利用規制を実施しようというものである．具体的には，① 都市計画区域の外で一定の開発圧力があり，放置したままでは好ましくない開発が発生する可能性がある地区を市町村が指定し，② 開発許可制度と建築基準法の集団規定を適用し，③ 用途区域などの地域地区が指定できるというものである．ただし3,000m^{2}以上の開発行為が開発許可の対象となる（知事の意向で300m^{2}まで引き下げ可能とされている）．

　制度導入の問題意識は，都市計画では規制できなかった都市計画区域外の土地利用をコントロールしようというものである．その検討過程をみると，① 都市計画区域外は原則開発禁止にすべき（開発不自由原則）という考え方から出発したが，財産権への厳しい規制は現実には困難で，都市計画法の改正だけでは無理だと判断し，この考え方は早い段階から諦めている．② そこで次にイギリスのような個別案件ごとに開発許可する制度が検討された．しかし，規制をかけられる国民の予見可能性を高めるべきとのわが国法体系の考え方から見て，この方式も断念された．③ さらに都市計画区域自体を拡大することが検討されたが，拡大された都市計画区域を公共事業で整備することが困難であること，さらに地方分権の観点からして都道府県が指定する都市計画区域の拡大よりも市町村が使える仕組みを提供すべきという理由から，この方式も断念されている．そこで最終的に到達したのが「準都市計画区域」という新たな地域指定であったという[2]．

　では，都市計画区域と準都市計画区域はどう違うのか．法第13条の都市計画基準において，前者が「都市の健全な発展と秩序ある整備を図るため必要な事項を定める」とされているのに対して，後者では「土地利用の整序を図るため必要な事項を定める」とされている点がポイントだという．要するに，前者は積極的に都市的整備を進め，後者は都市の拡大を予防的に調整・整序するという相違があると説明している．例えば「地域地区の基準をみて

も，準都市計画区域の方は「都市機能を維持増進し」とか「商業，工業等の利便を増進し」といった（開発を促進する）表現は使っていない」という．

　この準都市計画区域の都市計画制度における位置づけは，特に「事務方で「都市の卵」と呼んでいた（ように）……都市計画区域外であっても，いずれ都市計画区域になる可能性があるような区域については，あらかじめ土地利用規制ができる仕組みでなければ，都市計画区域を指定する前に土地利用が混乱し，結果として都市計画法の目的を達成できないではないか，という理屈で整理」したとしている[3]．要するに将来の市街化区域への編入を前提とした地域指定である．その意味では「計画」を利用した都市の開発可能地域の分散的な拡大を容認する方向だともいえよう．

　では農水省，環境庁といった土地利用が競合する省庁との調整はどのようになされたのか．『論点』では，「両省庁とも，都市計画区域外の地域で，大規模建築物の立地などにより土地利用が混乱している（という）……問題意識をもっており……割と早くから，都市計画法や建築基準法の手法で規制を行うことはやむを得ないという判断をしていた……ただ……積極的に整備するなら都市計画区域そのものになってしまう（という批判があり）……そこで，準都市計画区域は，都市計画で土地利用規制を行う必要がある場合に，必要な範囲の規制のみを行う区域だということを明確にするため，他法令（両省庁）による土地利用規制の状況を勘案した上で指定しなければならない」としたという[4]．両省庁としては，規制緩和が押し進められ，大規模商業施設等が郊外立地の規制が困難を増す中で，せめて無秩序な開発だけは阻止したいという考えがあったと推察できる．

(2) 線引きの選択制への移行

　今回の制度改正の最大の特徴が線引きの選択制の導入と市街化調整区域における開発許可制度の改正である．ではなぜ線引きの選択制の導入なのか．その理由として以下の点があげられている．

　第1は少子高齢化が進み，人口減少社会が到来するというわが国社会の転

換を理由とするものである．すなわち市街地が拡大しスプロール化することを緊急的に防止するために導入された線引き制度の役割が終わったという考え方である．第2は緊急経済対策のために規制緩和を推進する「経済戦略会議」からの線引き制度見直しの指摘であった．第3は上記の点とも関連するが，地方分権と規制緩和に配慮した制度改正をすすめるべきだとする都市計画中央審議会における議論である．そこでは線引きの骨格は維持しつつも，より制度を柔軟に運用できるように改善すべきという意見が主流だったという．

具体的には国による事細かな通達行政による線引き指導（線引きそのものではなく，線の引き方や使い方）が土地利用計画の問題を大きくしたという認識が主流を占めていたということだが，結局は線引き自体をメニューとして選択させることになったという．

こうして線引きは，都市計画区域の状況に応じて都道府県が柔軟に判断できるようにすべきとされ，線引きの性格は「すべての都市計画制度の前提」から「都市計画のメニューのひとつ」に変えられた．線引きを行う場合には，その必要性を都市計画区域マスタープラン（いわゆる都道府県マスタープラン）の中で明確に位置づけることとなったのである[5]．

とはいえ，当然のように検討過程では，線引きの廃止による混乱や問題が指摘された．特に市街化調整区域では大幅な規制緩和に作用し，新たな土地利用規制手法が必要となるからである．具体的には「これまで市街化調整区域だったところは，非常に厳しい規制から急に規制のない状態に置かれることになる．しかしそのままでよいのか．線引きをはずした後の補完的な制度も用意せずに線引き制度の柔軟化の議論をするということは，都市づくりを進めていく上で禍根になるのではないか」という問題点が指摘されていたという．

しかし，都市計画中央審議会の「中間とりまとめ」では，市街化調整区域から（非線引きで用途地域指定もない）いわゆる白地地域になってしまう地域は，もともと人口圧力がない地域であるから，特別な規制は必要ないとい

う考え方に至っている．こうして，非線引きの白地地域とはそもそも都市計画区域の中でも市街化圧力が弱いところであり，そのために用途地域すら指定されないのであり，用途地域以外の規制の必要性は認められないというように整理されたのだと，『論点』はその正当性を説明している[6]．

しかし都市計画白地地域における無秩序な開発の問題点については，これまで多くの研究者によって指摘されてきたところである．したがって「人口圧力がない地域」の理解の仕方によっては，問題がさらに広がる可能性がある．

(3) 開発許可基準の緩和

次は市街化調整区域における既存宅地制度の廃止と開発許可基準の緩和である．この制度改正の背景には，①市街化調整区域の開発規制が建前通りに厳しく運用されることが困難で，これまでにも緩和措置がとられてきたこと，②市街化調整区域における開発許可の多くが自治体の運用に任されており，土地所有者の間で不公平・不透明という批判があったという制度・運用上の問題点，③市街化調整区域の規制緩和が政府の規制緩和策の柱のひとつとされていたという政治的な事情があった．

改正以前の開発許可は，基本的に都市計画法第34条の立地基準に照らしてなされることとなっていた．しかし市街化区域と調整区域を1つの線で分けることは，そもそも土地所有者間に不公平感を生じさせており，34条を建前通り厳しく運用することは難しく，それを補うために，例えば立地基準の10号イの大規模開発の規模要件を緩和したり，10号ロを弾力的に運用したり，さらには43条の既存宅地制度を設けたりと緩和してきたが，その多くを自治体の運用に委ねてきたために，不公平感を招き，結果として非常に不合理な仕組みとなってしまっているという批判がなされていたという．

その対策としての今回の制度改正を一口で言うと，開発許可制度の緩和とセットにした建築物のコントロールということである．検討過程ではいくつかの考え方が出されていたが[7]，最終的には「既存宅地の制度を別にすれば，

第1章 農地保全をめぐる政策展開と課題

開発許可の立地基準を緩和して，あらかじめ開発予定地的なところを定めれば，開発を認めていく，という方向が現実的」だとされた[8]．要するに，条例で市街化調整区域内に開発が許容されるエリアを設定し，用途を指定すれば，それに適合する開発を許容するとなったのである．

しかし『論点』が言うには，その検討過程において建設省では「（開発許可制度の）実質的に規制の緩和，合理化ができないか」という強い問題意識が存在していた．そこで注目されたのが，市街化調整区域の土地所有者間の不公平感の最大の原因となっていた既存宅地制度であった．既存宅地が調整区域でありながら「建築自由」であったからである．そこで，「既存宅地の立地要件を使って，その区域（条例で定められた開発許容地）内であれば既存宅地と開発行為とを同列に扱ったらどうか……既存宅地の立地要件を援用して，開発行為も建築行為もともに許可にかからしめる……開発については立地基準を緩和して不公平感の原因を除去できるし，建築については用途規制も安全性の担保もできる．……対象地域を条例などで指定すれば区域がどんどん広がることもない．……単なる制度の廃止ではなく，開発規制の緩和とセットで，ともに許可にかからしめることにする，開発行為も建築行為も同じように扱うことができる」[9]ということとなったというのである．別の解説書では「既存宅地確認制度の内容を丸呑込みしつつ，同制度の持つ不透明性を排除できる点が特徴だ」と説明している[10]．要するにこれまで問題とされてきた既存宅地制度を実質的に拡大＝新たな開発許可基準に適用し，規制緩和するというものである．もちろん条例によってそのエリアは「限定される」とされているが，はたして本当に市街化調整区域における開発の規制と秩序化をもたらすことができるか，問題は大きいと思われる．

いずれにせよ，こうして都市計画法34条（市街化調整区域の立地基準）8号の3が加えられ，以下の都道府県等の条例制定を条件に一定の開発行為が許容されることとなった．具体的には，第1に市街化区域に隣接または近接し，市街化区域と一体的な日常生活圏を構成しているエリア，またはおおむね50以上の建築物が連担しているエリアであることを基準に，建築行為

が許容される地域が指定されるということである．第2は開発区域における市街化を促進する恐れがない開発行為であり，市街化区域内で行うことが困難または著しく不適当な開発行為であることを満たす用途が指定されるということである．

なお，この8号の3については「規制することがむしろ不合理な場合を，許可の対象にした（ということだから）……いわば開発許可制度の運用実態を踏まえた現実的な対応」[11]としている．これは明らかに市街化調整区域の土地所有者に渦巻く不満への現実的な規制緩和対策であることをにじませるコメントである．

(4) 特定用途制限地域制度の創設

『論点』によると，検討の背景には，①非線引き都市計画区域や都市計画区域外では用途地域指定もなく，建ぺい率・容積率規制が非常に緩く，②特に大規模店舗や大規模レジャー施設の立地がまちづくりに大きな影響を与えかねないという現実の問題を解決したいということがあったという．そこで，非線引き都市計画区域と準都市計画区域の中に，その地域の環境を守るという観点から，望ましくない特定の用途のみを制限する地域を市町村が都市計画決定するとしたのだという．これが特定用途制限地域である．

ただし，白地地域全域に特定用途制限地域をかけることはないことを前提としている．例えば迷惑施設の場合，都市計画区域に必要な施設を，都市計画が全く除外することはあり得ないからであり，さらにこの制限地域は即地的に良好な環境の形成保持という観点からの規制であり，都市計画区域全体から特定の用途をはじき出すものではないからだとしている[12]．要するに，市町村が特定の建築物を立地させないエリアを部分的に明確にするものであり，建築物はそれ以外の地区であれば容認されることになる．

(5) 制度改正の問題点

1）基本的な問題点

　以上，土地利用計画に係る制度改正をみてきたが，要するに市街化区域外を対象とした規制緩和である．なぜ市街化区域外なのか．既存の制度では市街化区域外地域における土地利用のコントロールが不十分だったという制度問題があり[13]，その解決が求められているのであるが，今回の制度改正の本質は制度問題の「解決」に名を借りた規制緩和にある．上で見てきたように，その背景には地方分権と政府の規制緩和政策への対応という政治的意図がある．土地利用規制を緩和することが，自治体の土地利用計画の自由度の拡大に結びつき，地域に合ったまちづくりが可能になるという論理（規制緩和＝地方分権論）であり，土地利用計画の緩和が企業や地域の経済活性化に結びつくという論理である．そして，こうした政策を理論づけているのが，都市計画審議会の「都市化社会」から「都市型社会」への移行論であり，開発圧力が弱くなるのだから，規制緩和は妥当であるという特殊な理解である．

　しかし日本社会が成熟し，人口も減少する中で従来のような都市化圧力が低減していくならば，新しい社会にふさわしい市街化区域内の都市・まち再整備こそが取り上げられるべきであり，市街化区域外については，農林業を含めた環境保全をベースにした強い土地利用規制が求められるはずである．例えば都市法研究者の原田は，今回の都市計画法の大幅改正を「区域区分＝線引き制度と開発許可制度の柔軟化……既成市街地再整備と有効高度利用のための規制緩和諸手法の導入は……従来からの経済開発指向の都市政策の延長線上にある」とする．そして今回の改正の問題点を「開発の許容と表裏一体に結合した土地利用規制制度の個別・分散的な浸出の仕組み」であるとし，自然や景観の保全という今日的課題に対して，それを疎外するという自己矛盾的特徴を持つとする．そしてその原因を日本の都市計画制度が「原則としての建築の不自由」の思想を頑なに拒否してきた点に求める[14]．

　また都市計画研究者の石田は線引きの選択制導入を「選択制という形を取った規制緩和の自由化という側面を強く持っている」とし，また開発許可技

術基準が「条例で，制限を強化し，また緩和できる」という改正もその本質は緩和にあると指摘する．さらに市街化調整区域における開発許可についても，既存宅地制度の改善と称して開発が許容される地域を一般的に押し広げていること，準都市計画区域と特定用途制限地域制度にしても，①農業的土地利用の保全が可能か，②開発許可面積が大きすぎる（3,000m²以上），③開発がそれ以外の地域へ逃れることの防止の困難といった問題があることを指摘している[15]．同様に水口も既存宅地制度が事実上拡張されたことについて，（開発が抑制されてきた土地所有者等の）個別私権の救済という問題回避では，さらに田園地域の土地利用が分散化されてしまうと，その問題点を指摘している[16]．要するに規制緩和は必ずしも自治体の土地利用計画の自由（＝自治体による土地利用規制の強化）を保証するものではなく，逆に土地所有者（企業）の自由度を高め，一層の土地利用の分散・混在をもたらし，自治体の土地利用コントロールを一層困難なものにしかねないのである．

ところで興味深いのは今後の都市計画制度のあり方，特に土地利用計画の総合化の議論の中で，国土交通省都市計画担当者が「開発不自由原則の確立は不可能」と明言した上で，土地利用計画の総合化には都市計画区域を広げて都市計画が国土を管理する仕組みを作ることが必要だとしている点である．もちろん「都市」の概念を環境やまちづくり等の新しい今日的価値に対応する概念に変更するのであれば話は分かるが，それについても否定的であるし，農地転用規制が強いことをもって土地利用計画の総合化を阻害する悪者として農水省を非難する[17]．

これに対して同じ議論に参加している五十嵐は，21世紀の都市計画は環境や安心・安全といった新しい価値に基盤を置くべきであり，そのためには都市計画はもちろん福祉など多様な計画を統合・総合化し，新しい概念の「都市」計画を創造する必要があるとしている．その際，特に土地利用計画との関わりでは開発不自由原則の確立が最大の論点であることを主張している．また石田も「計画なきところに開発なし」としいう理念によって都市計画が社会的・共同的なものとして存在できるとしている[18]．

2) 条例をめぐる問題点

　制度改正と地方分権を結ぶものとして位置づけられているのが条例である．制度改正を議論した都市計画中央審議会第1次答申「都市計画における役割分担のあり方について」では条例と都市計画に関する項を設け，積極的に条例を位置づけている．しかし，都市計画法は「国民の財産権に対する強い規制を課す」ので「法律で規定するメニュー，内容に沿って，都市計画制度の具体的運用がなされることを想定」しており，「都市計画が自治事務と構成されても」法の「規定は……最低限の規制又は規制の上限を定めている規定も多く，この場合には，これら規定と異なる条例の制定は許されない」というのが国土交通省の立場である．要するに土地利用の規制水準に関しては都市計画法の範囲でのみ許されるというのである．ただし都市計画の決定手続については，「基本的に都市計画決定権者の判断に委ねられるものであるため……条例を制定することはあり得る……望ましいものと考えられる面もある」と，やや肯定的に記述している．上述の旧建設省担当者も，今回の地方分権の主題はあくまで各省庁の関与のあり方を見直すもので，地方公共団体に都市計画権限を与えるものではないと明言した上で，まちづくり条例で最も問題となるのが私権制限を伴う土地利用規制と即地的土地利用計画であり，これについては法の範囲で行うべきとしている[19]．

　こうした考え方であっても一歩前進とする意見もある．例えば，磯部は地方分権に関わった経緯から，法律的に見て条例の範囲が必ずしも確定されているわけではなく，自治体に力さえあれば独自のまちづくり条例を作り，その合理性を国との間で争うことが可能であり，自治体の力量こそが重要だとしている．また小林も条例の全体像を建設省がやっと把握し始めた段階で，1次答申において手続条例が一定評価されたことは前進だとしている[20]．

　これに対して五十嵐は，まちづくりは本当の地方自治の本旨であり，地方自治体の固有の仕事であるから，法的に自主条例をつくらせる方向に進めるべきだとしている[21]．また北村は法律の解釈は裁判所の前において中央省庁も自治体も対等な立場にあり，地方分権というメガトレンドの下では，都市

計画法においても地域特性を反映した規制ができる法的裁量があって当然であり，上記1次答申の考え方は古くさい観念論としている[22]．

このように都市計画法と条例のあり方に関しては未だ議論の余地が大きい．しかし，実態として条例が果たしている役割が大きくなりつつあり，土地利用コントロールをはじめ，現場における都市計画の充実に不可欠の要素となっていることは，いずれの論者も認めるところである[23]．そこでなお残されている課題が，開発不自由原則と条例の関係整理である．上記の五十嵐の議論を敷衍するならば，開発不自由原則をベースにして国の関与を抑制し，自治体（議会）と住民参加が主導する都市計画システムをつくり，個性的なまちづくりを進めるということになろう．

3. 農地制度をめぐる近年の農政展開

(1) 地方分権と農地制度改正

後述のように，地方分権推進委員会第1次答申において農地制度の分権化が指摘され，それを契機に1998年には農地法改正が，1999年には農振法の改正が行われた．しかし地方分権一括法としての制度改正は農振法改正の一部にとどまり，多くは独自の制度改正として実施された．結論的には，地方分権を進める一方で，通達行政・運用によってその基準が不透明と批判されていた転用許可基準が法定化されるとともに，保全すべき農地である農用地区域指定の基準もまた法定化された．要するに分権とともに規制の法定化・客観化・透明化が図られ，その意味で規制が「強化」されたと評価できる．

1) 農地法改正

まず98年に改正されたのが農地法である．ポイントは① 転用許可面積について，新たに2〜4haの転用許可権限が都道府県に委譲されるとともに，② 従来は通達によって運用されていた転用許可基準が法定化された点である．この権限委譲については，すでに地方分権推進委員会第1次答申におい

て委譲すべきものとして指摘されていたが，制度全体に及ぶ改正であるとして，地方分権一括法制定の1年前に農水省の独自改正として実施されている[24]．ただし農地法改正案における転用許可権限の委譲の理由をみると，ただ「地方分権の推進」とだけ記されており[25]，まさに地方分権そのものが改正の契機であったことだけは確かである．

このように改正の契機は受け身であった．しかし，農水省の狙いは「許可基準の法定化」の方にあったとされる．長く農地制度に関わってきた関谷俊作氏によると，転用許可基準の法定化は制度運営の公正性・透明性を確保し，国民の信頼を得るためのものであり，農地法自体の制度としての体系を整えることで，農地制度の歴史的改正となったと高く評価している．しかも通達によっていた運用上の許可基準が実質的にほとんど変更なく法令に規定されたことをもって，「農地制度の存立基盤は著しく強化された」[26]としている点が興味深い．受け身で始まった地方分権を利用して，農地転用許可基準を法定化し，そのことで農地法体系を強固なものにしたというのである．

もうひとつ，改正農地法の分権における位置づけの特殊性が指摘されている．すなわち農振法の多く，あるいは都市計画法さらには国土基準法，建築基準法，土地区画整理法に基づく事務が自治事務と分類されているのに対して，農地法とそれに関わる法律の分権[27]が基本的に法定受託事務と分類されている点である．その意味で特殊な位置にある．その理由としては「法定受託事務とするメルクマール8・国際協定との関連に加え，制度全体にわたる見直しが近く予定されているもの」だからだったとされている[28]．

その法定化された転用許可基準における農地の区分をみると，農用地区域・第1種農地・甲種農地・第2種農地・第3種農地に区分され，農用地区域が原則不許可，甲種農地（市街化調整区域内の第1種農地），第1種農地……の順に規制が強いものとされている．このように特に①農用地区域を明確に位置づけることで農振法との整合性をとったこと，②都市計画法と競合する市街化調整区域の優良農地の位置づけを高く掲げた点が特徴となっている[29]．

2) 農振法改正

　99年に行われた農振法改正もまた，その枠組みは地方分権推進委員会第1次答申で示されていた．すなわち，①農業振興地域の指定，農業振興地域整備計画の策定等を自治事務とし，その基準を法令に定めること，②国は農地の確保等の基本指針を策定する，③県に対する国の承認，市町村に対する県の承認を協議（一部は同意）に改める，とされていた．なお農振法改正のうち，市町村農業振興地域整備計画に対する都道府県の関与及び，法定受託事務の事務区分設定は地方分権一括法として取り上げられ，農用地区域に関する法定化などの主要な改正については農振法改正として取り上げられた．

　この農振法改正の「最大の動機となったのが，農用地区域の設定・変更の基準の法定化にあった」とされる．上述のように分権一括法では農振法に係る事務が自治事務とされ，指定の基準を法定化しなければ都道府県・市町村の裁量で農用地区域が指定されることとなり，①国の食料安全保障の前提としての優良農地の確保，②自治体間の公平性の確保，③土地所有者への透明性の確保，が果たせなくなってしまうからである[30]．

　さらに農振法の体系的整備を果たすべく，農林水産大臣が「農用地の確保等に関する基本指針」を定めることとされ，これによって農振制度の主眼が「農用地の確保」にあることが前面に押し出された．また上述の農地法改正における農地転用許可基準の法定化でみたように，農地転用制度と農振制度が「農用地の確保」を介して密接に結びつけられることとなった[31]．さらに平成22年において確保すべき農用地面積もまた417万haであることが明記された．こうして農用地区域の確保が農地政策の中心的位置を占めることが明記されることとなった．

　逆に農用地区域からの除外（変更）についても①除外し転用することが必要かつ適当であり，他の土地ではできないこと，②除外が農地の効率的総合的な利用に支障を及ぼさないこと，③農用地の保全等に支障を及ぼさないこと，④土地改良事業完了の翌年から8年を経過していること，の4

条件がすべて満たされることとされた．

3）農地制度改正の問題点

　以上のように農地制度は農振農用地区域の転用規制を強化することで，農地の総量確保を果たした．しかし問題は①農用地区域以外のいわゆる白地農地（約70万ha）の転用が，どのように規制されるのか，そして②食料自給率向上のための農地確保すなわち農用地区域の拡大をどのようにして実現するのか，さらに③指定された農用地区域が容易に除外されることなく維持されるのか，という点にある．

　まず①については，田代の「農振白地の転用は，原則禁止の農用地区域が設定された反射として原則許可にならざるをえない」との指摘がある[32]．また豊田も農地転用許可の根拠が農振法によってあたえられることとなったとしている[33]．もちろん地域における転用許可は農地法の許可基準に照らしてなされるので，現実の運用に依るところが大きいが，農用地区域以外の白地農地の転用が容易になる可能性は否定できない．

　②については，農水省が実施した平成10年から22年にかけての趨勢推計値によると，農用地区域は419万haから367万haに減少するとされており，目標値417万haを達成するためには19万haの編入と19万haの担い手集積・条件不利是正対策，7万haの農地拡張・耕作放棄農地再活用が必要としている[34]．しかし容易に分かるように，現場を巻き込んだ強力な支援政策なしに，その実現は困難であろう．

　③については，平成15年に農水省は通達で市町村条例に基づく開発計画であれば，用地区域からの除外を容易になるよう措置している．つまり条例で認められれば農用地区域からの除外は積極的に認めようというものである．農水省は条例によって農地転用の場所が集約され，それによって農振白地農地の保全もしやすくなるとしているが，逆に白地農地の転用を誘発する可能性もある．

(2) 規制緩和と農地制度改正圧力

　以上のように農地法と農振法は地方分権を積極的に受け入れながら，農用地区域保全を主眼にした農地「保全」システムを作り上げた．しかし他方で進められる規制緩和政策は農地制度の緩和を志向するようになる．新基本法を軸とする近年の農政改革の中でも，株式会社の農業参入を積極的に認めようとする立場からの農地法改正の主張はその典型である．以下では近年における農地の規制緩和の政策提言を取り上げる．

1）農水省『農山村振興研究会報告』

　この研究会報告は 2002 年 1 月に出されたもので，食料・農業・農村基本法と 2002 年 4 月の「食と農の再生プラン」をつなぐ役割を果たすものとして注目される．したがってその後の農政展開への積極的な政策提言として位置づけられるものである．

　さて，研究会報告はまず，農山村振興の基本方向について整理し，「都市と農山村の共生・対流」と「自然と共生する社会の創造」を掲げる．前者については①都市民が農山村に生活することができるよう選択肢を幅広く提供すること，②都市民という多様な主体の参入・参画による地域の「新たな可能性」が生まれ，交流人口等の拡大による地域経済の活性化が期待されること，③今後は都市と農村の間での「人・もの・情報」の社会共通基盤（プラットホーム）の整備が必要であることが指摘されている．要するに都市住民の農業・農村への「自由度の高い参入」を進めることがポイントである．後者については①国民のために人と自然が共生する「美しい日本」を維持・創造する，②そのためには新しい農林業の担い手への参入者を含む比較的少数の人びとによって農山村の地域資源を有効・適切に利用・管理し，伝統文化を維持・継承する仕組みをつくるべきことが指摘されている．

　つづく農山村振興の課題では，都市住民を含むより多くの人々がこれを享受できる開かれた農山村を構築すべきとし，①農山村の諸要素の維持，②情報発信，③生活環境・都市的サービス機能の整備，④自由度の高い参入，

⑤農林地・自然環境保全と柔軟な参入・生活環境整備の調整・調和，そのための土地利用の確立，⑥従来の集落を超えて，複数の集落の交流と融合の中で，企画立案・合意形成・実施等を継続的に実施できる「新たなコミュニティ」の創出，の6つの課題が提起されている．本稿との関連でいえば，特に⑤と⑥の課題が重要である．

まず「新たなコミュニティの形成と共通社会基盤の整備」では，①中山間地域に代表される人口減少・高齢化による集落崩壊の危機に対して，「集落から一歩も出ないことの多い時代とは違う」のだから，基礎コミュニティを広くとるべきであること，②市町村合併の下では個々の農家の顔が見える行政はできないので，住民の自立性向上の観点からコミュニティ行政（自分たちで長期的視点に立って，行政への要望を整理・順序づけして，合意形成できたところから行政に要望する）が必要であること，そのためにも③集落を超える新たなコミュニティ機能（企画立案能力・合意形成能力・活動実施能力・情報発信能力）が求められており，自治体もコミュニティとの対等な関係を構築すべきとしている．また広域化に対応して日常生活に必要な教育・医療・福祉等の共通社会基盤の整備，ワンストップ・サービスの実現による地域住民の生活拠点地域・施設の整備，アクセスの確保が必要だとしている．

「農山村の魅力の保全と活用を図る土地利用の確立」では，農山村の土地利用をめぐる課題として，農山村に多様な価値観を持つ主体が参入することが「保全を期待する人」と「保全を期待される人」との間で考え方の相違が生じる可能性があり，その調整手段として住民参加による土地利用調整が必要とする．

こうした問題の背景には地域住民の土地利用・農地保全への無関心や，耕作放棄農地の担い手への農地利用集積が進まないこと，さらに開発利益への期待があるが，農地法等による土地利用規制では十分に対応しきれない経済的要因や農地所有意識の存在があげられている．また農振法等の個別法でも総合的な土地利用調整ができないとしている．

そこで解決の方法として提示されているのが住民参加によるミクロなレベルでの総合的土地利用計画・総合的な土地利用調整である．より詳細な地区レベルでの土地利用のコントロールに実効性をもたせる仕組みを組み込み，必要な開発も適切に容認できる，新しい農村空間をつくる能動的仕組みであり，単なる保全ではないという．また計画作りの主体は住民であり，「新しいコミュニティ」がその単位となるとしている．

その制度として注目されているのが市町村の土地利用調整条例である．「地域の実情に応じたきめ細やかな土地利用区分の種類を定めることや，調整プロセスを含め，市町村が主体的に対応できる仕組み」づくりというのである．そこでは地域特性と開発の態様に応じて規制と誘導を適切に組み合わせ，地域社会・地域住民が合理的な土地利用形成に能動的に参画する仕組みであり，そのためには土地利用計画プロセスや調整プロセスの透明性の確保が重要だという．

しかし問題は土地所有者の参加である．「土地所有者が農林地の保全に積極的に対応できる仕組みの構築」では市町村と土地所有者，市町村と地域住民との間の合意による農林地保全の契約・協定を締結し，土地所有者が自発的・積極的に農林地の保全に取り組める安定的・継続的な枠組みを導入すべきという．それがまさに市町村の土地利用調整条例なのである．

以上のように，地方分権の推進と自治体レベルにおける条例による土地利用調整の取りくみ，そして半ば強制的に進められる市町村合併とコミュニティ再編による地域づくりの取り組みという，地方自治体を取りまく今日的状況を背景に，個別規制法による農地の保全の限界を，市町村の土地利用条例とコミュニティの「自治力」に任せることで乗り越えようというのが，研究会報告のポイントである．

そしてこの方向を政策として実現するための検討の場となったのが，農水省農村振興局「農山村地域の新たな土地利用の枠組み構築に係る有識者懇談会」である．懇談会の具体的な経過は省略するが，議事録を読む限り激しい議論が行われているようである[35]．議論の焦点は農村振興局が提示した制度

見直し案,すなわち「土地利用調整条例に基づく契約的手法が用意された場合には,農地法・農振法の権利移動統制や転用規制にかかる諸規定を適用除外する」という考え方をめぐってであった[36]。

最終報告「農山村地域の新たな土地利用の枠組み構築に係る論点整理」では,市町村土地利用調整条例の位置づけについて,農村振興局が提示した見直し案が1つの考え方＝「市町村条例及び地区の合意に基本的に農地等の保全の全てを委ねる」として示されてはいるが,委員の反対・慎重な意見を反映した「市町村条例及び地区の合意を個別規制法による農地等の保全に関する規制に組み込む」というもう1つの考え方も併記された。それゆえもう1つの論点である「多様な参入のための条件整備」についても,農村振興局が提示した「協定が結ばれた農地については,実質的に保全が確保されているため,権利移動規制による事前のチェックなしでも耕作者主義は担保可能」という考え方と,反対・慎重意見を反映した「協定だけでは不耕作目的の農地の取得を十分に排除できないため,権利移動規制による事前チェックを残した上で要件緩和」という考え方の両論が併記されることとなった。

こうして市町村条例による土地利用調整を前提に,農地法や農振法の個別規制法の適用除外地域をつくり,そこに株式会社や都市住民などの多様な参入を許容するという政策がそのまま受け入れられることはなかった。しかし,その後2003年6月の「農地法・農振法の施行規則一部改正」によって,市町村条例によって位置づけられた開発については,農用地区域からの除外が容易となるよう措置され,条例が農地転用の手段として利用される方向に動きはじめている。

神戸市の取り組みにみられるように（第3章）,個別規制法（農地法・農振法のみならず都市計画法を含めた広い視野を持っている点に注意）を前提・基礎に,土地利用計画上のこれら個別規制法の不十分な点を補うために住民参加と合意形成を促進し,地域農業を活性化し農地を計画的に保全し,その一環として合意に基づく転用を地域で容認するという自治体レベルの取り組み[37]は,大いに検討・推進すべきであろう。しかし農水省が実施した上

記の「一部改正」では条例を条件に農用地の転用が容易になっただけであり，うがった見方をすれば，結局は転用の容易化と株式会社の農地取得が農水省の問題提起の本命だったともいえよう．

2) 構造改革規制会議「第3次答申」

その株式会社の農地参入を前面に打ち出しているのが2003年12月の「構造改革規制会議第3次答申」における農林水産業分野である．規制改革の課題として農地制度・農協問題・株式会社の農業参入の3つが取り上げられているが，まさに農地制度が構造改革・規制緩和にとっての主要な問題として認識されている．

しかし問題の枠組みは大きく転換する．上述の「農山村振興研究会報告」と「農山村地域の新たな土地利用の枠組み構築に係る有識者懇談会」が個別規制法の限界を前面に押し出し，市町村条例による土地利用調整こそがそれに代わるものとし，単なる農地保全ではなく，一定の開発を含めたその柔軟性を重視していたのに対して，「第3次答申」の内容は，地域の農地管理は不透明であるとして転用規制の厳格化が強調される．あえて単純化すれば，農地転用の硬直的国家管理といえる．

答申ではまず，① 農地の効率的利用・利用集積を妨げているのが転用期待であり，それを抑制するために農地転用規制の運用の厳格化と透明化が必要で，② 株式会社等の多様な経営主体・担い手が対等な条件の下で競争できる条件整備を図ることが必要だ，という問題意識が示される．

このうち①については，農地の無秩序な転用や耕作放棄の発生の理由として，転用規制の運用が地方行政にゆだねられており，地権者の利益を反映することにつながっていること，一筆主義の転用許可方式が農振法の面的ゾーニングを切り崩していることがあげられている．さらに多大なキャピタルゲインを取得できる農地の転用期待が農業の構造改革を妨げたのであり，農地の利用規制の厳格な運用とその透明性を高めることが効果的だとしている．営農意欲がない零細農家でも転用期待から農地を手放さないのであり，また

農地価格が転用期待から収益還元価格を大幅に上回り，先進的な担い手に農地が集積されないのだという．また②については，例外的に株式会社の農地取得が認められている構造改革特区以外の方式でも，農業経営の株式会社化等により経営形態の多様化を推進することが必要だとしている．

最後に「今後の課題」として，①自然人主義（家族農業主義）や事前規制・資格規制の形式的な現行「耕作者主義」を見直し，本来の耕作者主義の理念に合致した農業生産に道を開くべきこと，②農地を利用権優位の仕組みへ転換し，定期的な農地利用点検というような仕組みも考えられること等があげられている．

こうしてみると，上述の「農山村振興研究会報告」「農山村地域の新たな土地利用の枠組み構築に係る有識者懇談会」と「第3次答申」との共通点は株式会社の農地権利取得にあることがわかる．その相違点は「第3次答申」における徹底した農地転用コントロールにある．この考え方が，現在進められている食料・農業・農村基本計画にストレートに挿入されている．

3）食料・農業・農村基本計画・中間論点整理

2003年12月の亀井農水大臣による食料・農業・農村基本計画変更の諮問を受け，2004年1月から食料・農業・農村政策審議会において見直しが進められ，8月に「中間論点整理」が公表された．諮問当たっては①品目横断的政策への転換，②担い手・農地制度の見直し，③農業環境・資源保全政策の確立という3つを重点的に取り組むべきとの大臣意向が示されている．総じて，いわゆる「新農政」以降進められてきたWTO体制に適合的な農政システムへの転換を押し進めるものといえる．本稿との関わりでいえば，3つの重点課題のひとつに農地制度問題が位置づけられている点が注目される．

では「中間論点整理」において農地問題はどのように整理されているのか．まず農地利用の実態について，①個別・分散的な農地転用によって優良農地の面的確保が妨げられていること，②農地の有効利用が期待される担い

手への農地の利用集積が進んでいないこと，③都市住民の農地利用ニーズが高まっている一方での耕作放棄の増加，の3つの問題点を示し，「優良農地の確保と農地の効率的な利用の確保の2つの課題に集約される」としている．

そこでまず「優良農地を確保する措置の強化等」が課題としてあげられる．ここでは農地転用許可制度や農用地区域（指定・除外）の運用が厳格に行われていないことが，農地の転用期待を高めているという認識の下，①農地の利用規制厳格な適用と透明性を高めるべきという意見と，②地域経済活性化のために転用規制を緩和すべきとの意見があるので，③個別・分散的な農地転用を防止し，優良農地を面的に確保し，制度運用の客観性・透明性を確保するために，農用地区域のゾーニングと農地法の転用規制の「今日的なあり方を検討していく必要がある」としている．さらに地方分権が進められる中で，食料の安全保障のための優良農地確保は国の最重要課題であるとの観点から，農地転用許可に関する国と地方の関係のあり方を検討すべきとしている．

ついで「農地を農地として効率的に利用する仕組みの構築」の課題では，①担い手への特に団地的な農地の利用集積を推進する仕組みづくり，②農地の権利移動制限の見直し，特に農業参入の要件緩和，農業生産法人の事業要件・参入要件の緩和を検討すべきとしている．

このように上述の構造改革規制会議第3次答申における農地制度改革提言がそのまま政策として取り上げられている点が大きな特徴となっている．

(3) 農地制度改正の基本的特徴

以上のように，農地法改正や農振法改正では農地保全の基準の明確化を通して，農用地区域に限定される問題点を含みながらも，農地を保全するための一応の規制の「強化」が志向されていた．その後の政策展開がこうした規制「強化」とどのように整合性を持つものかは不明な点が多いが，全体としては地方分権と規制緩和，さらには効率的・安定的経営体育成等を背景に，

土地利用型農業への株式会社一般の参入を推進することを前提とした農地政策が追求されている．問題は農地保全政策との関係である．一旦は市町村条例を利用した農地法外し，という規制の直接的緩和による参入が提起されるものの，その後は株式会社のみならず農家をも対象にした農地の利用規制を強化するという規制強化が打ち出され，それを条件にした株式会社参入（上述の資格規制から利用実態規制へ）が提起されている．

しかし農地保全の最大の問題は開発サイドから生じる開発・転用圧力である．これについて上述の株式会社一般の土地利用型農業の参入を推進する生源寺氏は「例えば都計法と農振法の関係をどうするかというようなところまで踏み込んでいない」[38]としており，検討された内容が農業サイド内部だけの農地保全・利用規制強化にすぎないことを示している．

4. おわりに

上述のように農政サイドでは株式会社の農業参入・農地取得という担い手政策と，食料自給率向上の観点からの農地保全・確保とが同時追求されている（ただし食料自給率向上は上記中間論点整理では重点課題から外され，カロリーベースの自給率指標も価額ベースの導入によって相対化されつつある）が，農地法が農地耕作者主義に立脚しているために，株式会社の農地取得は農地法そのものを掘り崩す方向に作用する．要するに農地転用統制の根拠を失うのである．そこで検討されているのが土地利用計画によるゾーニング手法であり，その典型が「永久農地論」である[39]．

しかし，都市計画サイドの制度改正は基本的に規制緩和である．たしかに条例（例えば前述の開発許可基準の緩和）によって自治体の土地利用規制の自由度は高まるかも知れないが，それは条例を用いた規制緩和政策であり，都市所有者の自由度も高まり，結果として秩序ある土地利用規制が困難になる可能性が高い．逆に規制強化に関しては，国土交通省は自治体の条例の制定範囲を限定しており，規制の強化には大きな限界がある．また，計画の名

の下に都市計画区域外や未線引き都市計画区域の開発が増大することも懸念される．

こうした規制緩和の中で，ひとり農政サイドがゾーニングによる強力な転用規制を導入することが，本当に可能であろうか．上述のように「中間見直し」ではこうした都市計画サイドの動向は考慮すらされていない．

北関東のある特例市の農業委員会長が「都市計画は市街化調整区域の開発を緩和しているのに，なぜ農地法や農振法は転用規制が厳しくされたのか，農家は本当にとまどっているのです」と筆者に語ったことがある．この市では調整区域＝農振地域で，集団的農地の多くが農用地区域に指定されている．つまり①農用地区域であるかぎり，転用規制は厳しいという認識が農家にはあるが，②同時に都市計画の規制緩和は転用期待を増大させているという事実を示している．こうした中で農家の意識が②だから①も緩和すべきであるという方向に向くことが最も恐れられるべきことであろう．

このように農地保全に関する制度全体が揺らいでいる中，自治体に求められる課題は大きい．良くも悪くも，規制緩和が進められる中では，自治体がまちづくり・地域づくりの中で無秩序な開発を抑制しながら，保全された農地を有効に活用し，地域農業振興に責任を持つ必要がある．本章でふれた土地利用調整条例は，その有効な手段であるが，いずれにせよ自治体の問題認識・主体性と住民の問題認識・参画が不可欠である．あるべき地域の姿とその中での農業・農地の役割を共有する努力をすることが，その出発点となろう．

注
1) 都市計画法制研究会『改正都市計画法の論点』大成出版社，2001年9月，4-5ページ．
2) 同上，15-20ページ．
3) 同上，21ページ．
4) 同上，24-25ページ．
5) 同上，43-44ページ．

第1章　農地保全をめぐる政策展開と課題　　　　　　　　25

 6) 同上, 46ページ.
 7) 具体的には① 開発行為ごとの裁量的な許可・不許可, ② 市街化調整区域の保全区域と開発予定区域への再区分等が議論されていたという(上記『改正都市計画法の論点』, 47ページ).
 8) 上記『改正都市計画法の論点』, 48ページ.
 9) 同上, 49ページ.
10) まちづくり条例研究センター『まちづくり都市計画なんでも質問室』ぎょうせい, 2002年, 38ページ.
11) 上記『改正都市計画法の論点』, 50ページ. なお, 北関東の人口24万人のある特例市では, 条例によって市街化調整区域全域がこの34条8号の3のエリアに指定された. 要するに一定の用途と基準を満たせば(農用地区域は除く), 市街化調整区域においても「自由」に開発ができるのである.
12) 同上, 57ページ.
13) 例えば水口俊典『土地利用計画とまちづくり－規制・誘導から計画協議へ』学芸出版社, 1997年, 第3章を参照. そこでは従来の線引きが前提とした高密集中型市街地から, 低密分散型市街地への転換を背景にした「田園型線引き」への転換が強調されているが, 同時に市街化調整区域における開発許可制度による個別開発の増大, 高率な建ぺい率・容積率の問題, 用途制限の必要性, 地区計画が機能しない問題等が指摘されている.
14) 原田純孝「序」, 原田編『日本の都市法Ⅰ－構造と展開』東京大学出版会, 2001年. この中では98年9月の『都市づくりの政策体系のあり方－都市再構築へのシナリオ』が「今こそ都道府県や市町村が地域住民と一体となって, 地域特性に応じた個性豊かな都市の整備と次世代に残すべき貴重な環境の保全に, 本格的に取り組む環境が整っている」と高く政策理念を掲げるものの, 具体的に実施される政策は「大都市のリノベーション」「内需主導型の経済運営」「都市づくりへの投資の促進」「国境を越えた都市間競争への対応」といったキーワードに示されるように, 明らかに経済活動基盤面に重点を置いた国家主導型の都市開発政策の再構築を企図したもの……極度に競争的な私的経済追求型の都市社会となる恐れがある」と危惧する. 要するに理念と政策が真反対を向いているのである.
15) 石田頼房「都市計画法の改正と土地利用権・土地利用計画」, 日本不動産学会『日本不動産学会誌』No.54, 2000年, 20-22ページ.
16) 水口「線引き制度－未完の抜本改革からの創意工夫を」, 日本都市計画家協会編著『都市・農村の新しい土地利用戦略－変貌した線引き制度の可能性を探る』学芸出版社, 2003年, 206ページ.
17) 座談会「地方分権は都市計画に何をもたらすか」における, 笹井俊克氏(当時・建設省都市計画課)の発言, (社)日本都市計画学会地方分権研究小委員会編『都市計画の地方分権』学芸出版社, 1999年, 102ページ.

18) 上記の座談会における五十嵐敬喜氏の発言，同上103ページ．また石田の上記論文を参照．
19) 笹井俊克「都市計画分野の地方分権の構図と展望」，上記『都市計画の地方分権』36-41ページ．
20) 同上『都市計画の地方分権』，92-93ページ．
21) 同上，93ページ．
22) 北村喜宣「委任条例の法理論」，小林重敬編著『条例による総合的まちづくり』学芸出版社，2002年，206-207ページ．
23) 例えば，小林重敬編著『地方分権時代のまちづくり条例』学芸出版社，1999年では多くの条例が紹介されている．
24) 農水省は「法定受託事務の処理基準を明確化するため転用許可基準を法定化するには農地法独自の複雑な法令改正を必要とし，地方分権一括法に含めるのにはなじまないという判断」があったとしている（農地制度資料編さん委員会『農地制度資料』平成15年度第3巻上，農政調査会，14ページ）．
25) 農水省は農地法改正案提出の理由として「地方分権の推進及び行政事務の基準の明確化を図るため」と明記している（上記『農地制度資料』平成15年度第3巻下，39ページ）．
26) 関谷氏は，2～4haの転用許可権限の都道府県知事への委譲という地方分権のためには，転用許可基準の法定化が不可欠であり，「農地法自体の制度としての体系を整えることにより農地制度の歴史にとって意義のある改正……農地法の法制としての権威が高められた……その最大の成果が農地転用許可基準の法定化であった」としている（上記『農地制度資料』平成15年度第3巻上，15ページ）．
27) 具体的には，農業経営基盤強化促進法における農地保有合理化事業に関する事務および「基本方針」と「基本構想」，特定農地貸付法の承認に係る事務がある．
28) 上記『農地制度資料』平成15年度第3巻上，12ページ．ただし，メルクマールが確定され，それに従って法定受託事務への分類が決まったわけではない．地方分権推進委員会に参与として参画した小早川は第1次勧告と第2次勧告におけるメルクマールの変更に関して，委員会と各省庁間の事務区分に関する応酬・せめぎ合いの中で，その結果を前提に，勧告ではメルクマールを手直ししてきたとしている（『ジュリスト』1998年2月1日号，有斐閣，23ページ）．また同様に参与を務めた磯部によると，本来はすべてを自治事務にすることが原則であったが，「どうしても困るやつが出てきてしまう」ので，法定受託事務とし，あとから理由付けのためにメルクマールを整理したとしている（(社)日本都市計画学会地方分権研究小委員会編『都市計画の地方分権』学芸出版社，1999年，89ページ）．
29) ただし，豊田氏は転用目的が削除されたことをもって「農地至上主義ともい

うべき考え方が正式に廃棄され，農地法による農地転用規制が利用転換における調整の1つであることが明確にされた……農地転用規制の根拠は……農振法によって与えられることとなった」と批判している（豊田洋一「農地法・農振法による農地転用制度の課題」甲斐道太郎・見上崇洋編『新基本法と21世紀の農地・農村』法律文化社，2000年，103ページ）．
30) 上記『農地制度資料』平成15年度第3巻上，23-24ページ．
31) 同上，25ページ．このように農地転用統制においては農用地区域の設定＝農用地の確保が決定的となっている．その意味で注29の豊田氏の指摘は当たっているといえる．
32) 田代洋一著『農政「改革」の構図』筑波書房，2003年，130ページ．
33) 注29参照．
34) 農林水産省構造改善局計画部地域計画課『農業振興地域制度のてびき』平成12年参照．
35) 懇談会では法律学の立場から，農地制度論と条例の位置づけに関して原田純孝委員が多くの意見を述べている．第1回懇談会では① なぜ既存の法律制度ではなく条例なのか，② 土地利用調整と土地利用計画の概念の相違，③ 土地利用調整の対象，地権者と地域住民の参加の相違，あり方，④ 都市計画法の地区計画に規定される条例による住民参加と，農水省が提起する土地利用調整条例による土地利用調整条例の法的効果は異なり，その上で一定の住宅開発を容認することの是非が述べられている．第3回懇談会では① 法律と条例の関係を3つの方向（農水省の提起するような，条例によって個別法の規定を適用除外とする方向，条例と協定によって個別法の規定を上乗せ・横出しする方向，個別法の規定を前提にその運用と適用方針を住民参加で決定し，自治体が総合的にコントロールする仕組みをつくる方向）に整理し，② 農村固有の魅力を保全するための住民参加という全般的な土地利用の問題と，多様な参画という権利移動レベルの問題は別であること，③ 条例や協定が国家法による土地利用規制の変更や修正ができるという論理の根拠は，④ 個別法（農地法）の適用除外になった場合の農地とは何か，⑤ 農地所有者が主体的に結ぶ契約や協定は自主的な規制強化であり，違反した場合の契約や協定の取り消し処分はペナルティーにはならず，条例の不安定性が否定できない，といった問題点が指摘されている．第4回懇談会では① 協定によって農地法を適用除外とした場合，3条の権利移動統制がなくなり，農地の自由な売買が進み，協定による農地利用に関する制限が機能しなくなるのではないか，② 協定の取り消しや失効，廃止等の場合に，どのような問題が生じるのか，生じる問題が大きいこと，③ 自主条例の内容は市町村に任せることとなり，農水省が期待するような内容の条例となるかどうか，④ 協定を結ぶ農地所有者にのみ効力を発揮するが，地権者全員が協定を締結するわけではないし，地域住民全員が協定を締結するわけでもなく，その結果，地区全体が統一的に協定の対象にはならず，その単位性にあいまいさがあ

ること，が指摘されている．こうした指摘に対して吉村農村政策課長は，①自主条例である土地利用調整条例の内容を法律に書き込むことはできず，逆に地域づくりとしては自治体に任せるべきであること（第4回懇談会），②全国的に見て農地転用が落ち着いている中では，農地転用の法制上の強化は困難であり，規制は自主条例に任せるべきこと（第1回・3回懇談会），③条例に基づく協定が地域で締結されやすいように，規制強化ではなくメリットを与えるべき（第3回懇談会）としている．メリットとは田園住宅開発や都市住民への農地売却など，農地法の適用除外のことである．

36) 原田純孝「農地制度見直し論の現状と問題点」全国農業会議所『農政調査時報』547号，2002年，および田代洋一『農政「改革」の構図』筑波書房，2003年，特に第5章を参照．
37) 拙稿「自治体の都市農業政策と里づくりの取り組み」，田代洋一編『日本農村の主体形成』筑波書房，2004年．
38) 農林行政を考える会『農村と都市をむすぶ』636号，2004年，57ページ．
39) 田代洋一『食料・農業・農村基本計画の見直しを切る』筑波書房，2004年を参照．

第2章　農村土地利用と土地利用調整条例
―論点の整理―

はじめに

　周知のように，わが国の都市計画法は都市計画区域の設定，そして（選択制へと移行したものの）市街化区域と市街化調整区域との「線引き」を基本に構成されている．都市計画制度の根幹に位置する線引き制度では，市街化区域や用途地域に開発を集約し，市街化調整区域や未線引き白地地域は純粋な農村地域として保全することを目的としている．しかし「概ね10年以内に市街化すべき」市街化区域においても，そして「市街化を抑制すべき」市街化調整区域においても濃淡の差はあれ，無秩序なスプロール的開発が進行している．さらに後述のように，未線引き都市計画区域の用途地域指定がなされていない地域においては，さらに深刻な制度問題を伴いながら，個別分散的開発が進んでいる．この開発に用いられた土地の多くが，いうまでもなく農地と山林である．

　もちろん，線引きが全体として市街化調整区域の開発を抑制してきた事実を否定するものではない．また「開発自由」原則の下にあるわが国において，開発コントロールについて，なお一定の有効性を有していることを否定するものではない．しかし，それでも現実には制度の欠陥を縫うようにして，あるいは線引き後の種々の規制緩和政策の結果として，無秩序な開発が進んできたことは否定できない．その意味で，前章でみた2000年の都市計画法改正における「線引きの選択制への移行」が，こうした問題をさらに増幅させ

る危険性を持つものとして危惧される．

　こうした無秩序な開発の制度的背景に，都市計画法の不備や農地制度の不十分さがあることは，多くの論者が指摘するところである．このため，多くの自治体では開発指導要綱を策定してきたし，いくつかの自治体では土地利用調整条例を策定し，自治体レベルや地域・集落レベルで土地利用転換をルール化（＝開発手続や計画による一定の規制強化）し，そのルールに基づいて農地を保全したり，開発をコントロールしようとしてきた．しかし多くの場合，事実上の土地利用権の規制強化を伴うために，特に土地利用調整に関しては，後述のように，その是非をめぐり法律上の争点とならざるを得ないのが現実である．

　こうした中，農村地域のあるべき姿と土地利用計画のあり方について，都市計画研究者の水口，大方の両氏から，地域が主体となる積極的な提案が出されている．水口氏の「低密度分散型田園地域」づくりと地区計画制度の活用，そして大方氏の「分散的田園居住空間」づくりと条例の活用の2つの提案である．両者に共通するのは，農村地域における計画的な開発と農地保全を実現するための土地利用調整には，①従来の縦割り行政を排して，②農林地を含む総合的かつ規制力のある土地利用調整ルールが必要で，それを③住民参加・住民の意思決定を基礎につくることが重要だとしている．以下，両者の主張を紹介しよう．

1. 農村土地利用の特徴と土地利用計画手法

(1) 低密度分散型田園地域論と地区計画の活用
1) 低密度分散型田園地域論

　まず，現実の農村の姿を「低密度分散型田園地域」と特徴づけているのが，水口氏である．すなわち，田園地域を「用途地域が指定されている市街地の外側」（つまり市街化調整区域や未線引き都市計画区域の用途地域指定外＝未線引き白地地域）とした上で，田園地域には「多様な集落，開発地，施設

用地が分散して存在しており……未線引きのため開発許可の対象とならなかった小規模な開発がほとんどで……小規模分散化の傾向が，市街化調整区域と比べてさらに著しい」「都市的土地利用の集積形態は既存の用途地域，集落と新規開発を含めて，「低密分散型」である……小規模な市街地や集落が分散しており，市街地と集落を区分することが一般に難しい」と指摘している[1]．

特に地方都市周辺の農村地域の実態を見てもわかるように，もともと農村集落が分散的に存在しており，それを取りまくように分散的な個別開発が進んでいる．また集落内の既存宅地には農村集落には相応しくない建築物が建てられるなど，無計画な開発が行われている．さらに県道などの主要道路沿いには様々なサービスのための店舗等が数多く立地している．

こうして都市（市街化区域）と農村（市街化調整区域）を1本の線で区分しようという線引き制度や，未線引きの場合には用途指定区域に開発を集約しようという都市計画の基本的な考え方（理念）と，許容された開発によってできあがった農村の姿（現実）との乖離が広がっているのである．しかし問題は，こうした無秩序な開発が農村地域に相応しくない開発であるということにとどまらず，それを規制して計画的な農村地域づくりを誘導していくシステムないしルールが欠落している点にある．

こうして氏は「低密度分散型田園地域」という新しい農村モデルを提起し，単に開発を抑制するのではなく，計画的に一定の開発を取り込んで新しい農村を実現することを提案する．その手段として市街化調整区域における地区計画制度の活用を提案するのである．

2) 地区計画制度の活用と問題点

氏は田園地域の個別分散的な土地利用を容認してきた現行の都市計画制度問題，特に開発許可制度に焦点を当て，①「計画開発」の基準面積（34条10号イ）の20 haから5 haの引き下げが周辺地域のスプロールを誘発したこと，②既存宅地制度と34条10号ロ（市街化の促進のおそれがなく，市街

化区域の立地が困難な開発行為）による無秩序な個別開発の容認，③そもそも農村地域の開発行為が分散的にならざるを得ないこと，④用途制限が欠如していたり，容積率や建ぺい率等の基準が緩すぎる，といった問題点を指摘している[2]．

そこで問題を解決する手段として，氏は地区計画制度の活用を提案する．特に既存集落周辺や幹線道路沿いにおける個別開発が問題であるため，現行の地区計画制度を拡充し，①既存集落周辺や幹線道路沿いなどの開発動向が活発な地区，②既存宅地や耕作放棄農地が集積した土地利用が不安定な地区，③市町村と住民によって地域活性化のためのプロジェクトを計画する地区などを地区計画の適用対象地区とすべきとしている[3]．

しかし都市計画制度（氏が議論の対象としている92年改正法当時）では市街化調整区域における地区計画には大きな限界があることが指摘され，その改善を求めている．92年都市計画法改正によって市街化調整区域における地区計画制度が導入されたものの，その適用対象区域が限定されているからである．

具体的には，第1に地区計画をまず策定し，それに基づいて後から一体的かつ段階的に開発事業を進めて基盤等を整備する「基盤整備型地区計画」が含まれていない問題があげられている．第2に適用対象地区とされる「優れた街区の環境が形成されている地区」には農山漁村の既存集落は含まれておらず，さらに「区域区分が行われる前から既に健全な住宅市街地として存在していた土地の区域に限られる」と課長通達された問題があげられている．要するに「線引き以前の」「住宅市街地」に限る運用となっているのである[4]．そして第3に地区計画の内容には農用地や森林の保全に関する事項が定められないこととなっており，地区の総合的な土地利用計画とはならない問題があげられている．

こうして市街化調整区域における地区計画制度は，計画的に開発を規制誘導するとともに農地や山林を保全するための地区のマスタープランとして有効に機能するには未だ限界がある．また地区計画は，従来から地区計画制度

の問題点として指摘されているように，結果的に住民や地権者にとっては上乗せ規制となってしまい，合意形成にも困難がともなうこととなる．

さらに，その背景には現行の都市計画制度の基本問題があるとし，①すでに分散的で無秩序な開発が進んでいるにもかかわらず，市街化調整区域は市街化を抑制すべき区域と規定されているために，地区計画の役割が厳しく制約されていること，②制度上，開発許可制度の中に地区計画制度が取り込まれ，地区計画が開発許可を取り込む（地区計画によって開発が許可される）関係になっていないこと，③市街化調整区域等の「地域住民の立場に充分配慮する」という個別開発の許可に関する通達が規制緩和措置として何回も出され，農村地域のスプロールを解決するどころか，逆にスプロールを容認することとなり，「市街化区域の拡大と個別開発の間に位置すべき第3の手法としての地区計画的整備手法の法制化への取り組みが遅れた」ことを指摘している[5]．

いずれにせよ，住民参加による地区レベルでの詳細な土地利用計画づくりと，それに基づいて開発を許可しようとする計画の論理の制度化は，現在の市街化調整区域の地区計画制度の枠組みでは不可能である[6]．

(2) 分散的田園居住空間論と条例の活用

以上の水口氏の地区計画制度の改善と活用を求める考え方に対して，自治体の条例によって土地利用を調整していこうというのが，大方氏の考え方である．

1) 分散的田園居住空間論

大方氏は現実の農村の姿を「分散的田園居住空間」と特徴づけている．すなわち「市街化調整区域には様々な建物や，資材置き場などが立地し，一面の緑なす田園風景が広がっているわけでもない．……実態としては市街化調整区域や未線引き都市計画地域の宅地化抑制については農振計画と農地法の運用に委ねてきた面もあり，調整区域や白地地域のスプロールについて都市

計画側から積極的な手を打つことはなかった」「一方……都市近郊の農村は既に実態としては，周辺に広い農地を介在させた小規模な郊外市街地となって（おり）」「伝統的な「都市-農村」の二元論的生活空間構成のイメージは実態として既に崩壊している．……都市でも農村でもない拡散的居住空間がいたるところで展開」していると指摘する．こうして「田園居住区域」なり「集落市街地」といった新たな地域イメージが提起される．「小さく密度の薄い居住地に適した制度区分をしない限り，都市計画法の枠組みに組み込むことは困難であろう」というのである[7]．この点では水口氏と同様の事実認識である．

そこで「都市とも農村ともつかない混乱した生活空間が広がることを放置せず，しかも伝統的な都市-農村二元論的な空間への回帰を求めるものでもなく，新たな「分散的田園居住空間」ともいうべき生活空間を積極的に創りだしていくためには，現行法の枠組みを離れ，独自の条例に依拠しながら総合的な土地利用計画を定め，土地利用のマネジメントを行うことが必要となっているのである」と指摘する[8]．

こうして氏の議論は現行法を相対化し，条例という新たなルールをつくることで，自治体の手で農村土地利用を規制・コントロールし，計画化された「分散的田園居住空間」を創出しようというのである．しかし，自治体が独自の土地利用規制を導入することは，法と条例との関係を問い直すこととなる．後述のように，この点（条例による独自の土地利用規制強化の可否）が土地利用調整条例をめぐる最大の論点となる．

2) 土地利用調整条例の活用

条例を必要とする氏の主張のポイントの1つが，土地利用計画の総合化にある．今日の農村における土地利用計画システムの基本問題が，目的の限定された縦割り行政によって個別計画・規制法でバラバラに土地利用計画・土地利用規制が運用されている点にあるというのである．「自治体の側から見ると，行政域の内部が，目的も方法も異なる計画・規制の区域に引き裂かれ

ているわけで，一貫した観点による総合的な土地利用計画を定めることが困難（であり）……法的規制の裏付けに支えられた実効性ある土地利用計画を定めることは困難なのである」[9] という．縦割りの相互の連携性が欠如した国＝省庁の土地利用計画を，自治体レベルで総合化する手段として条例を位置づけようというのである．

氏は神奈川県における未線引き都市計画区域を対象とした条例による土地利用計画づくりを例にあげ，各自治体が固有の状況をふまえた目的を設定し，条例によって策定手続とその効力が明示された，総合的で一貫した土地利用計画システムをつくることが，農村土地利用計画に有効だ，という[10]．

では，土地利用調整条例とは具体的にどのような機能を果たし，何がもとめられているのか．氏は次の3点を指摘する[11]．

第1が開発に係る事前協議という点である．すなわち，土地利用調整条例の本質が開発事前協議を通じて土地利用をコントロールしようとする手続条例であり，法的強制力はないものの，住民の世論・住民の総意として定めた計画として地権者・事業者に協力を求めていく必要があるとしている[12]．

第2が土地利用の即地的計画が必要だという点である．つまり地域の整備水準にとどまらず開発の立地自体の調整を行うことが土地利用調整の課題であり，そのための即地的な計画が求められるということである．

第3が住民の盟約としての計画と規制だという点である．行政が決めた「お上の規制」ではなく，自分たち自らが取り結んだ「住民の相互規約」であると実感されていることが極めて重要だと指摘している．特に上述の即地的計画は規制と直結した詳細な土地利用区分であり，地区レベルでの住民の綿密な合意形成過程を経ないと機能しないであろう．

さらに総合的土地利用計画としての土地利用調整条例の課題として，以下の4点を指摘する[13]．

第1が線引き制度の限界である．すなわち市街化区域内の現実はスプロール市街地であり，市街化調整区域の現実はスプロール農村であり，都市-農村の二元論的空間構成概念を超えた構想・対策が必要であり，都市計画制度

ではなく，それぞれの自治体が独自の条例で対応せざるを得ないというのである．都市計画法（線引き）では問題解決できないから，自治体レベルで対応しなければならず，その手法が条例だというのである．「都市計画（線引き）か独自条例か」という構図である．

第2が条例の強制力の根拠の明確化である．土地利用調整には土地所有者の権利制限が伴うが，それをどのような公益性概念で立論できるか，ということである．

第3が国家による高権的計画・規制によらない土地利用規制の在り方である．条例による規制が主として協議・指導・勧告によってなされるが，逸脱的な開発を阻止するには住民の抑止力が必要であり，判断基準が住民の総意に支えられている必要があるということである．

第4が分散的かつコンパクトなまちづくりのデザインである．つまり現実に進む分散的田園居住が，車社会に代表される環境問題の解決とも両立できる，新しいデザインを追求する必要があるということである．

以上，2人の代表的な都市計画研究者の議論をみてきたが，共通して指摘されている点は，①「市街化区域と市街化調整区域」，未線引き都市計画区域においては「用途指定地域と白地地域」という都市計画法の二分法的モデルは，現実の農村の下では適用できず，②現行の個別法では農村地域の土地利用を総合的な計画にもとづいて整序することは困難であり，③農村地域における土地利用のコントロールには，現行の個別法を自治体レベルで総合化するとともに，それら個別法の抜け穴となっている部分を補うために，地域で合意された土地利用計画を実現するための，自治体独自のルールづくりが必要であること，④そのためには地区計画や条例による地域における住民参加と合意形成が求められていること，⑤その計画としては，即地的で具体的な土地利用構想・まちづくり計画を策定することが重要だ，ということである．

そして現段階におけるその有力な手段が，本稿で検討する土地利用調整条例である．もちろん，それぞれの自治体が置かれている状況によって，農村地域の土地利用問題は異なり，条例が規定する内容も異なることとなろう．

要するに自治体の具体的な問題認識が前提となる[14]．

(3) 土地利用計画制度の基本課題と条例

大方氏の意見をさらに検討してみよう．氏の意見は①現実の農村の姿を前提として，現行（都市計画）法の都市-農村という二元論的理念を離れて「分散的田園居住空間」を計画する，②そのためには国家の都市計画高権によらない自治体独自の土地利用規制と，そのための公益性の論証が必要だ，という点に集約される．住民の総意が公益性の論拠に当たるといえる．

他方，わが国の土地利用計画制度の基本課題は，①開発不自由の原則の確立と，②そのもとでの住民合意の具体的・詳細な土地利用計画を策定・実現する計画の仕組みづくり（計画手続）の確立にある．②の前提が①であり，およそ①なしには計画は成立しないというのが，ヨーロッパの経験でもある．

こうしてみると，「開発自由の原則」を旨とする国家の都市計画高権の下では，大方氏の主張するように，住民の総意による土地利用計画によって「国家による高権的計画・規制によらない」地方（自治体）独自の土地利用規制を標榜しようとしても，両者（国と自治体）の衝突は避けがたい．前述のように，条例の多くが「協議・指導・勧告」にとどまっているのは，このためである．条例の法的強制力の可能性が問われているのである．

以下では，この点（法と条例の関係）について論点を検討することとしたい．

2. 地方分権と条例の展開可能性

(1) 地方分権推進委員会勧告と条例

条例が注目された背景には，80年代以降の全国の自治体における多様な条例制定の動き[15]と，国をあげての地方分権の推進があった．市民の多くが個性的なまちづくりに関心を持ち，自治体の主体的取り組みを期待するようになっていたし，自治体としてもその手段として条例の必要性を強く感じ

ていた.

こうした中,地方分権推進委員会勧告に沿って,機関委任事務が廃止され,その多くが自治事務へと再編された.では,その地方分権推進委員会勧告において条例はどのように位置づけられたのか.

(イ)まず,第1次勧告の「第1章・国と地方の新しい関係」の「2・国の立法権・行政権と地方公共団体との関係」の「(2) 地方公共団体の事務に関する国の立法の原則」の③で,「国は,自治事務(仮称)について基準等を定める場合には,全国一律の基準が不可欠で条例制定の余地がないという場合を除き,地方公共団体がそれぞれに地域の特性に対応できるよう,法律またはこれに基づく政令により直接条例に委任し,又は条例で基準等の付加,緩和,複数の基準からの選択等ができるよう配慮しなければならない」としている.素直に読めば,地域における条例の活用ができるように,国は配慮すべきだと判断できる.

(ロ)しかし,続く「(3) 地方公共団体の事務に関する法律と条令との関係」では,憲法94条を示して,「地方公共団体は法律の範囲内で条例を制定することができる」と釘をさす.その上で徳島市公安条例事件最高裁判決を引用して,条例制定権には限界があるが,条例制定の制限は個別法令の規定や趣旨,目的によって判断されるとする.要するに,一般論としては制限されるが,最終的には具体的な個々の法律との関係に委ねられるというのである.そして「こうした法律と条例についての考え方は,国と地方の新しい関係(地方分権後:筆者)の下においても維持される」としている.

(ハ)さらに「III・地方公共団体の事務の新たな考え方」の「3・新たな事務区分の制度上の取り扱い」において,条例制定権が最初に取り上げられている.まず,自治事務(仮称)では①法令に違反しない限りすべての事項に関して条例制定ができるが,②条例の制限については法令によって明示されるべきことが示されている.続く法定受託事務(仮称)については①法令によって事務の範囲が規定されるので,条例の範囲も国の法令によって規定されるべきで,②地方公共団体の条例に委ねる場合には法令で明示すべき,と

されている．

　問題は地方分権を契機にして，条例制定権の自由度が高まるのかどうかという点にある．しかし以上の文言の限りでは，基本的にいわゆる法律先占論の域を出ないように思える．これについて，地方分権推進委員会に関わった西尾氏は国による通達を廃止したことで，その通達が法令化され，逆に自治体の条例制定権を制限する可能性があることを示唆した上で，「分権推進委員会もそれを予期していた」が故に，上記の(イ)の文章を盛り込んだとしている．しかし，この(イ)の立法原則の実現には大きな困難がともなうとして，「地方分権推進委員会のごとき各省横断的な諮問機関がこの種の個別法令の見直し作業にまで深く介入することはいかなる条件の下で可能なのか．いかなる手法があり得るのか．この問題こそ，次なる第二次分権改革に向けて今から念頭においておくべき最大の理論課題であろう」[16]という．つまり，法と条例（国と地方）の原則は示したものの，それを実現する制度設計ができずに終わり，地方分権推進の今後の最重要の課題として残されているというのである．

　これに関連して興味深い討論がある[17]．西尾氏は地方分権推進委員会勧告について「地方分権を推進する基本方策には，事務権限の委譲と関与の縮小・廃止という二つの方法がある（が）……機関委任事務の全面廃止とこれに伴う関与の縮小は，主として関与の縮小・廃止に類する改革だった」とした上で，「しかしこれはあくまで一つの説明方法で……ある意味で権限委譲なのであり……自治事務に変われば，理論上は条例制定の余地があるという事務に変わる……立法権からして委譲しているという話になる」と，立法権の委譲の可能性を説明している．

　しかし，これに対して小早川氏は「自治事務になるということは，執行のレベルでの自主性を認めることで……執行レベルで問題が出てきた時に，それは自治体が自分の問題として引き受けなければならない……（しかし自分の問題として引き受けるための立法権の委譲については）事務処理の判断基準……を法令で決めているものについて，本当に必要なのかという，そうい

う刈り込みの仕方は今回（の地方分権推進委員会の議論）できていない……法令に縛られたままで自治事務に移行している……そこが一つ大きな問題……今後は法令による基準設定が本当に必要なのか……自治体の執行の現場から問い直していく……それができたときに，本当に国の立法権が適当なところまで撤退して条例制定権がそのあとを埋め……立法権の委譲も実現することになるのだろう」と発言している．要するに，地方分権推進委員会勧告では権限委譲（条例制定権）への理論的可能性は含んでいるが，現実には自治事務の多くが個別法によって縛られており，その変革は地方分権推進委員会ではできなかった．それをうち破るには自治体が主体的に問題を提起していくことが求められているということであろう．

同様に，推進委員会に関係してきた成田氏は，自治事務は条例制定権の拡大を意味するが，憲法上「法律の範囲内」とされる以上，地方自治法上の「法令に違反しない限りにおいて」という制約が残ることとなり，法律と条令の抵触問題が自治事務の拡大に伴って多発するであろうと予想している[18]．

(2) 条例の展開可能性

こうした中，積極的に条例の必要性と可能性を主張する見解も出されている．例えば北村氏や礒崎氏は，①地域の実情や個性に根ざし，②住民参加が制度化され，③国法から自立・国法に挑戦するものとして「分権条例」を提起し，ローカル・ルールの発展の必要性を指摘している．そのためにも法律先占論を克服すべきとして，自主条例を制定する際，「法令に違反するという場合を限定的に解すること」が可能としている．具体的には，①法律制定や解釈運用の原則を明確にした改正地方自治法に基づいて，個別法の規定をこれに整合するよう解釈すべきであり，そうすれば上乗せ条例や横出し条例が妨げられないという見解や，②自治事務に関する条例については基本的に国法には違反しないという推定が働くという見解が紹介されている[19]．

また，「固有の自治事務領域論」を主張するのが三辺氏である．氏は96年の"国の行政権と地方公共団体の行政権が憲法上異なる"と明言した政府解

釈（12月6日衆議院予算委員会における内閣法制局長官の答弁）を論拠に，国の行政権と地方自治体の行政権とは憲法上異なる（つまり，地方公共団体の固有の行政目的を達成するために設けられる条例に関しては，国の法律でも自治体の行政権限を侵犯することはできないと解釈できる）としている．さらに，憲法92条以下において地方自治体には地方自治の本旨に関わる「固有の自治事務領域」があることを認めているのだから，この領域に関する法律の規制は全国一律に適用される最小限の基準のはずであり，地方公共団体が独自の条例を定めて法令以上の規制を設けることは可能であるとしている．したがって地方公共団体の固有の自治事務領域を侵害するような国の立法は違憲立法であるとともに，特にまちづくりのように，その地域の実情に地域住民が主体的に参加していく領域については，すでに「固有に自治事務領域」に属すものとして考えるべきだとしている[20]．

　さらに角松氏は「認知的・試行的先導性」概念を提起し，法令による「メニュー主義」からの脱却を主張している．すなわち「メニュー主義」によって地域空間管理等への住民参加など自治体の創意工夫が制約されている現実の問題点を指摘し，「まちづくり条例」を通じて自治体が土地利用規制に関する制度設計に取り組んでいる姿を高く評価している．こうした基礎自治体の課題認識を「認知的先導性」そして，解決手法である条例の取り組みを「試行的先導性」と呼び，それらの法的有効性・意義を主張するのである．そして「総合的」まちづくりが今日求められており，その地域像を自己決定する市民・住民参加の重要性と，それを実現・保証する条例の重要性が指摘される[21]．

　以上は，そもそもまちづくりは住民に身近な自治体が担うべきであり，地方分権下の個性豊かな地域づくりのためには，ローカル・ルールである条例が法令に限界づけられる必要はない，という率直な考え方である[22]．

3. 土地利用計画をめぐる法と条例

(1) 都市計画法と土地利用調整条例

　次はさらに具体的に，現実の自治体の土地利用問題を解決する手段としての土地利用調整条例と法令をめぐる問題である．前述のように，国の都市計画法の不備を自治体が穴埋めする目的で土地利用調整条例が制定されているが，国はどのように評価しているのか，その現実である．

　まず地方分権を背景に開催された都市計画中央審議会基本政策部会・中間とりまとめ「今後の都市政策のあり方について」では，「国民の財産権に対する強い制約を課すという都市計画について基本的枠組みを定める都市計画法の趣旨・目的からみて，基本的な公平性・平等性を確保すべきとの観点から……条例への委任が法律上明らかにされたものに限って制限の内容を条例によって定めることができる……都市計画が自治事務と構成されても，基本的には……変わらない」「いわゆるまちづくり条例……このうち，基本方針を定めたり，住民組織を位置づけるなど，住民の積極的・主体的参加による個性あるまちづくりを……推進することは望ましい……が，規制・誘導を行うものについては，都市計画法制度において特別用途地区，地区計画等により地域の実情に応じた個性的，主体的なまちづくりを実現できるよう枠組みを用意しており，基本的には，これによることが望ましい」としている．住民参加の条例は認めるが，規制強化をともなう土地利用調整条例は認めないというものである．

　また小林氏によると「地方分権推進一括法による都市計画法改正の審議会と並行して行われた条例に関する研究会では，国の立場から6点にもわたる厳しい批判が出された」という[23]．そこでは，私権への規制を強化しようとする自治体の土地利用調整条例に対する，国ないし建設省（当時）の強烈な批判的姿勢がみてとれる．

　その建設省の笹井氏は関連して次のように述べている．すなわち，そもそ

も「地方分権の主題は……各省庁による関与の在り方を見直すことであって，立法府による規範設定の在り方を問うことではない」「(一部に) 地方公共団体に対して都市計画権限を与えるのみを内容とする包括的授権法とすべき (という意見があるが)……このような課題は委員会の視野に入っていない」という地方分権の基本認識の下，憲法と地方自治法の関連条文を示して「法律の優位は明らか」であり，開発許可基準でも「この技術基準を上回る基準を設定することはできない」「(日本の) 都市計画法の都市計画とは私権制限のための基準で (あり)……少なくとも基本的な枠組みのところは法律で作って，それを活用してもらうという仕組みになっている」という[24]．この考えによれば，①地方分権で都市計画を自治事務としても，②都市計画の本質は私権制限の基準であり，③私権制限の内容は国が決めるべきことであるから，④都市計画を地方分権化しても，自治体は条例による独自の土地利用規制はできない，ということになる．いうまでもなく，監督官庁によるこうした旧来型の考え方と，前述のような条例を通して自治の拡大を推進すべきとする研究者や実務家の考え方とは，するどく対立することとなる．

(2) 農村地域における法と土地利用調整条例の現段階

そこで，現段階において，農村地域において法と条例——特に無秩序なスプロールを阻止するための土地利用調整条例——はいかなる関係を構築すべきか．そこでは土地利用調整の前提条件となる開発不自由原則の確保，という観点からみて，現行の個別法をいかに評価するかが基本的な問題となる．上述のように現行の個別法には問題はあるが，ではそれを全面否定して問題が解決するのか，ということである．また，国が進めている規制緩和政策における条例の位置づけにも注意する必要がある．

前章でみたように，2000 年都市計画法改正は基本的に規制緩和がテーマになっているが，特に市街化調整区域の規制緩和の手段として条例が利用され (特に 34 条 8 号の 3) ており，都市計画法自らが土地利用規制の根幹である線引きを放棄しようとしているのである．住民の総意としての土地利用

調整条例の前提に，開発不自由原則の確立が必要であることは前述した．この意味で，多くの問題はあるもののギリギリ開発を規制してきた線引きの意義は否定できない．しかし，この線引きすら相対化される状況にある．計画高権を持つ国家が，条例の前提となる一般的な開発規制（都市計画法）そのものを一層緩和しており，その手段として条例が利用されるという，倒錯した状況なのである．その点で，大方氏の「都市計画（線引き）か独自条例か」という問題設定は，下手をすると足下をすくわれる可能性がある．

　農地制度においても同様のことが指摘できる．前章で指摘したように，条例を条件に農地法の適用を除外しようという政策が農水省から出された．そこでは住民合意による柔軟な土地利用＝転用や，都市住民の農地取得が，農地法と無関係に認められることとなる．つまりわが国の土地法の中で唯一「開発不自由の原則」を旨とする農地法が相対化されつつあるのである．ここでも条例が国家による一般的規制の緩和の手段として利用されている．

　こうして現段階における個別規制法と条例の関係は，今できる最低限の規制として現行の個別法を前提とし，それを厳格に運用しながら，なお不十分な点を条例で補うという方向にならざるを得ない．

　こうした考え方は，次章で詳しく紹介する神戸市における土地利用調整条例において明瞭にみることができる[25]．田代氏はこのような実態をふまえて，「あくまで都市計画法による開発規制，農地法に基づく農地転用統制，都市計画法や農振法に基づく区域区分＝土地利用計画の規制を踏まえて，その規制の及ばない分野や，行政的押しつけによる説得性の弱さを，条例のきめ細やかさと住民参加により補完し，補強する方法だ」[26]と指摘している．また神戸市で自治体行政の立場から土地利用調整条例策定に深く関わった藤平氏は，個別法との関連について，「やはり農地を守るという農振法の今までの流れの使命というのは非常に大きなものがあった……非常にいい制度だ……法的な根拠の分で条例は……公表（という手段しかなく）……これではやはりだめで（規制力が弱い）……今の既存の都計（都市計画），農振，農地法，これは当然基本だけをある程度決められて，後の運用は地域によって差があ

ってもいい」(農水省『第2回農山村地域の新たな土地利用の枠組み構築に係る有識者懇談会議事録』)と述べている．

そこで問題となるのが条例の規制力である．大方氏が指摘するように，何よりも住民参加と合意形成が土地利用調整条例による規制の拠り所となる．前述のように，行政が決めた「お上の規制」ではなく，自分たち自らが取り結んだ「住民の相互規約」であると実感されることが重要なのである．

4. 土地利用調整条例の課題

最後に，農村地域における土地利用調整条例の課題について整理しておこう．

(1) 土地利用調整条例と法のあり方

土地利用調整条例を十分に機能させるためには，土地利用調整条例と関連する法との関係を明確にしていく必要がある．

恐らく，2つの方向が考えられる．第1の方向は，法律が土地利用に関する一元的かつ一般的な開発規制を確立し，各自治体の土地利用計画と，条例による住民合意によって策定された詳細なまちづくり計画にもとづく開発のみを許容することで，個性的なまちづくりを支援するという，抜本的な改革の方向である．開発不自由原則に基づいて土地利用計画を機能させているヨーロッパ諸国と同様の方向である[27]．第2の方向は，各個別の法律が定めている土地利用に関する規制を最低限度の規制とし，その上に各自治体の条例による規制の強化（場合によっては緩和も含む）を積極的に認め，地域の実態と理念に即した独自のまちづくりを支援するという考え方である．現行の個別の土地利用規制を前提に，さらなる規制の強化（上乗せ・横出し）を可能としようという方向である．

上述のように，都市計画法などの開発に係る個別法が，開発自由原則の上に「法律の規制が最大の規制」という考え方を取っているため，いずれの方

向を実現するにも厳しいが，自治体主導のまちづくりを進める上で避けることができない課題である．この点で，条例が「開発不自由の原則」ともいえる一定の規範を作り出している神戸市の取り組みは注目される．こうした努力が国の制度を改革する力になるものと期待したい．

(2) 住民参加と自治体の役割

こうした制度的な課題があるとはいえ，大方氏が指摘するように，多くの地域・自治体が土地利用規制の強化を行わざるを得ない現実に直面している．その規制力の最大の拠り所が，条例制定という議会の意思表示であり，住民参加である．また行政を担う自治体職員の問題意識なしにはこうした取り組みは不可能である．まちづくりのための住民・議会・行政の強い協働関係の構築が必要なのである．法律と条例の関係構築が制度的課題とすれば，この問題は主体形成の課題といえよう．そして主体形成なしには，条例は機能を発揮できないのである．

注

1) 水口俊典『土地利用計画とまちづくり』学芸出版社，1997年，143ページ．
2) 同上，147-152ページ．
3) 同上，150ページ．
4) 具体的には，「住宅市街地の開発その他相当規模の……事業が行われる，又は行われた土地の区域」か，「優れた街区の環境が形成されている土地の区域」のいずれかとされている．
5) 水口，同上，156ページ．
6) 2000年の都市計画法改正によって，「地区計画の汎用性の向上」が図られている．これによって用途地域が指定されている区域（未線引き都市計画区域を含む）や用途が指定されていない地域（一定の要件がある）で，その活用が可能となった．しかし，①計画事項の多様化，②細分化されている地区計画の類型の統合，③地区計画による用途指定の変更という課題は見送られている．③については，地区計画至上主義では広域的な都市計画との関連が担保できないとしている（都市計画法制研究会『改正都市計画法の論点』大成出版，2001年，65-66ページ）．
7) 大方潤一郎「土地利用調整系まちづくり条例」，小林重敬編著『地方分権時代

のまちづくり条例』学芸出版社，1999年，119-120ページ．
8) 同上，121ページ．
9) 同上，113ページ．
10) 同上，114ページ．縦割りの個別の計画法や規制法では，自治体が求める総合的な土地利用計画の実現ができず，県や市町村が独自に条例を制定することで，土地利用計画の一貫性と総合性を実現しようというのである．なお，土地利用調整条例の「調整」には①土地利用に関する諸制度の調整，②自治体・事業者・住民の調整，③望ましい土地利用の実現の調整がその含意だとしている（同上，112ページ）．
11) 同上，145ページ．
12) 大方は条例にもとづく計画内容や開発基準のあり方は，自治体の抱える課題や，都市計画上の指定状況でも異なるとしている．具体的にみると，①市街化調整区域では，地区レベルの計画策定を条件とした開発誘導の形がとりやすく，ある面で規制緩和としての効果を発揮でき，「計画なきところに開発なし」といった理念を標榜することも可能であるとしている．また②都市計画区域外では既存法との重複が少なく，独自の強い規制が可能であるが，法的強制力という点では，条例と協議を通じた行政指導との間には大きな差異はないとしている．さらに③未線引き都市計画区域では，法的な規制が弱く，最も困難な地域としており，開発の案件が動き出す前に……明確な土地利用計画なり，開発基準なりを明示しておくことが実は重要であり……自治体としての方針を，即地的に明示しておくことがポイントだとしている．
13) 大方潤一郎「自治体総合土地利用計画の必要性と課題」，『日本不動産学会誌』No. 51, 1999年，30-33ページ．
14) なお，水口は都市計画制度改革の方向として，総合的な土地利用計画の体系化のために，①土地利用構想（ビジョン）・②土地利用調整方針（ゾーニング）・③土地利用規制と事業，地区土地利用プログラムの3層構造の仕組みづくりを提案している．特に②③の策定については，市町村レベルの条例の活用が必要としている．このうち②土地利用調整方針（ゾーニング）については，市町村土地利用調整計画を創設し，国土利用計画の5区分から，さらに地域特性に合わせた詳細な土地利用区分に変更し，条例による「土地利用行為」への届出・協議・勧告制度の導入，土地利用の官民の連携性と規制・事業・行動の一体性確保のための住民参加が必要としている．③地区土地利用プログラムについては，現行の地区計画制度を拡張し，住民・事業者・自治体の連携の下に，地区に関する構想・規制・事業・行動を一体として備えた，土地利用の「実現の計画」，マネージメントのプログラムづくりが必要としている．さらに，そのためには市町村自治の不可欠の要素としての土地利用計画権限の法定化が不可欠であること，そして市町村独自の土地利用条例の活用促進には，地方自治法体系の中に土地利用計画権限を明記することが必要だとしている（水口俊典

「地域による総合的な土地利用管理のための新たな枠組みのあり方」日本都市計画家協会『都市・農村の新しい土地利用戦略』学芸出版社，2003年，224-242ページ）．
15) まちづくりのための自治体による独自の取り組みは，70年代の開発指導要綱の制定に端を発する．法令による規制では，自治体が目指すまちづくりのための，建築物のコントロールや都市インフラの整備ができなかったからであり，自治体が開発業者等に指導を行うものであった．いわば行政による「指導」「お願い」であり，開発業者の協力を前提とする，法的拘束力を持たないものである．このため，特にバブルの時期などには，規制緩和政策ともあいまって，国による是正要求が何度も出され，その限界が自治体の大きな問題となっていた．しかしながら，こうしたまちづくりの取り組みは，一定の限界をもちながらも（法令に違反しない範囲で）条例としても制定されるようになった．小林氏は当時の開発指導要綱や条例が，法令によって規定されている最低基準の不完全性を，自治体が個々の法令ごとに補完したという意味で「ネガティブな性格」と規定する．これに対して，80年代から展開するのが，単なる法令の補完ではなく，総合的・積極的にまちづくりを進めるための，創造性を持った「まちづくり条例」であるとしている．しかも開発指導要綱や条例が，規制から住民参加へと重心を変化させた時期でもあり，小林氏は「80年代はまちづくりへの住民の参加の時代であり，指導要綱が景観，緑化，環境などの誘導や改善を通して積極的にまちづくりを担うようになる中で，住民参加が不可欠となり，行政指導という形式は相応しくなく，地方議会の議を経る条例が多くみられるようになったのであり，市民，事業者，行政がそれぞれに責任を持つ時代になった」と整理している．そして90年代に入り，条例制定の動きが大都市から地方都市へと広がっており，特に農村地域の自治体では無秩序な開発行為を規制し，農村環境を計画的に保全することを目的とする条例が登場することとなったとしている（「はじめに」小林編著『地方分権時代のまちづくり条例』）
16) 西尾勝「第一次分権改革の到達点と今後の道筋」，自治省編『自治論文集』ぎょうせい，1998年，52-54ページ．
17) 「座談会・分権改革の現段階」，『ジュリスト』No. 1127, 1998年，24-26ページ．
18) 成田頼明「四次にわたる地方分権推進委員会勧告の総括」，『ジュリスト』No. 1127, 1998年，40ページ．
19) 礒崎初仁「分権条例の動向と論理」，北村喜宣編著『分権条例を創ろう』ぎょうせい，2004年．
20) 三辺夏雄「今後のまちづくり条例と法令との関係について」，上記『地方分権時代のまちづくり条例』，278-280ページ．
21) 角松生史「自治立法による土地利用規制の再検討」，原田純孝編『日本の都市法II』東京大学出版会，2001年．

22) この他にも，例えば西村清司氏は「機関委任事務の廃止（による）自治事務について条例制定権が及ぶことはもちろん……法定受託事務についても，法律またはこれにもとづく政令の規定により明示的な委任がある場合には，条例制定権が及ぶものとされた．……自治事務について地方公共団体がどこまで条例で定めることができるかは，結局自治事務について定める法令の規定ぶりにより左右されるところが大きいことになる．……自治事務とされた個別の事務についての基準がそれぞれの法令でどのように規定されることになるのか……注目すべき」としている（西村清司「分権改革と自治立法権」，木佐茂男編著『自治立法の理論と手法』ぎょうせい，1998年）．また五十嵐敬喜氏は「地方分権による機関委任事務の解体は自治体の条例制定権を大幅に拡大するように見えた．……しかし厳密に言えば自主条例への道はそう簡単ではない．……論点は，たとえば自治事務とされた都市計画に関する都市計画法などの個別法が自治条例を禁じているのかどうかという，それぞれの法の「解釈」に委ねられたのであり，自治条例が進むか否かはここにかかってくる．……この「解釈」は誰が行うか……中央官庁に頼ってきたという一面と，そういう解釈の限界をこえて革新自治体などが努力してきた歴史がある……自治体のいっそうの努力が期待される．……条例制定状況をみると……議会側の提案件数が非常に低い……議会も格段のレベルアップが必要……自主条例は……自らの権利と地域を守るために「自治」を貫徹するために首長，議会，そして市民が一丸となってつくらなければならない．……「解釈」の限界をのりこえ，かつ条例制定権を厳しく制限している既存の法律を勧告のように自治体が自主的に条例をつくれるように改正するためにも，自主条例への熱意が必要である」としている（五十嵐敬喜「自治立法とは何か．誰がつくるのか」，木佐茂男編著『自治立法の理論と手法』ぎょうせい，1998年）．
23) 6つの問題点とは，①既住民の自己住宅を規制の対象にしない不平等がある，②開発以前の土地取引そのものを規制しており，規制の最小限性に疑問がある，③規制の基準に一般的抽象的な規定が多く，行政手続きの透明性からみて問題，④規制の基準が不明で行政手続きの透明性からみて問題，⑤規制が厳しいのに住民手続が簡略で行政手続きの透明性からみて問題，⑥具体的な担保措置は届出・勧告であり，確信犯を規制できず，結果的に公平性の見地から問題，というものである（小林重敬「条例による総合的まちづくり序論」，小林編著『条例による総合的まちづくり』学芸出版社，2002年，19ページ）．これでは条例による規制の強化はほとんどできないこととなる．
24) 笹井俊克「都市計画分野の地方分権の構図と今後の展望」および「座談会・地方分権は都市計画に何をもたらすか」，(社)日本都市計画学会地方分権研究小委員会編『都市計画の地方分権』学芸出版社，1999年，36-40および96ページ．
25) 拙稿「自治体の都市農業政策と里づくりの取り組み」の注3，田代洋一編『日本農村の主体形成』筑波書房，2004年，178-180ページを参照．

26) 田代洋一『農政「改革」の構図』筑波書房，2003年，145ページを参照．土地利用調整条例の意義と特徴が，土地利用計画制度問題とも関連させて具体的に整理されている．
27) 例えば，高橋寿一『農地転用論』東京大学出版会，2001年を参照．特に「第1章・問題の所在」では，わが国とドイツの土地利用計画制度を比較しながら，建築の自由・不自由の相違についてわかりやすく整理している．また，成田頼明は地区計画制度の導入に関する論評の中で，「建築の自由」を克服するとともに，都市に関わる法制度・計画の体系化と自治体への都市計画権限の委譲が必要であることを指摘している（成田『土地政策と法』弘文堂，1989年）．

第3章　土地利用調整条例の挑戦と課題

はじめに

　前章でみたように，地方分権の下で，地域（自治体）主導のまちづくりにおいては，法と条例の新たな関係づくりが求められている．本章では，現行の土地利用計画制度による土地利用規制を前提にして，自治体の土地利用調整条例を併せて活用しながら個別規制法の問題点を解決し，地域の土地利用に関わる諸問題を解決している現場を取り上げ，その到達点と課題を明らかにすることを課題としている．具体的には神戸市と長野県穂高町における土地利用調整条例を取り上げる．

　視点は前章のまとめを受けて，大きく2つである．第1は個別土地利用規制法の限界を克服すべく条例がどのように仕組まれているのか，言い換えれば条例によって，どのように総合的な土地利用規制が可能となっているのか，という点である．とりわけ無秩序な開発の一般的規制＝開発不自由の一般化が自治体レベルで可能か否か，その条件は何か，といった点も重要な視点となる．第2は主体形成の視点である．開発不自由原則の欠如しているわが国において，地域の土地利用問題認識を共有し，土地利用を規制し，あるべきまちづくり，村づくりを実現するには，住民の主体形成が欠かせないからである．

　表3-1は両自治体を比較したものである．詳しくは後述する．

表 3-1 神戸市と穂高町の比較

	神戸市	穂高町
地域の状況と土地利用規制の取り組み経緯	・人口 150 万人 ・市街化区域と市街化調整区域の明確な地域区分 ・市街化調整区域は農業振興地域に指定し，強力な農地転用規制	・人口 3 万人 ・未線引き都市計画区域 ・都市からの移住者の増加，松本市のベッドタウン化 ・人口増加，開発政策を推進し，事実上スプロールを容認・都市計画白地地域の無秩序なスプロール防止と農村景観の保全
土地利用の課題・条例のねらい	・農業の衰退による農村問題の解決＝むらづくりの推進 ・法律で規制困難な開発のコントロール	・国道沿いの開発コントロール ・「土地利用調整基本計画」で町の土地利用の基本方針を明示し，9 タイプのゾーニングを設定 ・ただし即地的なゾーン指定はせず，各ゾーンの土地利用（空間）イメージを示すにとどめる
地区の範域	・多くが自治会＝集落を基盤	・数集落からなる区
条例の仕組みとゾーニングの特徴	・神戸市長が「緑の聖域」とともに本条例で市街化調整区域の全域をゾーニングし，さらに農村用途区域を指定．里づくり協議会の里づくり計画・里づくり協定によって農村用途区域の変更を認可．里づくり＝地域づくり計画と連動 ・農村部である市街化調整区域全域を対象にゾーニングし，さらに農村用途区域を指定し，即地的に土地利用規制	・条例では開発事業の手続を規定し，「土地利用調整基本計画」と照合して開発許可 ・地区が「まちづくり基本計画」を策定した場合には，その基準が開発許可の基準とされる
土地利用基準	・農村用途区域ごとに土地利用基準を明示	・ゾーニングごとに土地利用基準を明示
地区の取り組み	・ほとんどの自治会で「里づくり協議会」を設置	・1 地区のみが「まちづくり協議会」を設置

1. 神戸市の土地利用調整条例のねらいと到達点

(1) 神戸市の土地利用計画と条例のねらい

神戸市では 1970 年 12 月に線引きが行われ，現在市域の 36% が市街化区

域に，64％が市街化調整区域に指定されている．この神戸市における線引きの特徴は，市街化区域と市街化調整区域が画然と区別され，都市と農村が地理的に明確に区分されている点にある．まさに都市計画法が想定したような区域区分ができた．農地面積についてみると市内 5,521 ha の農地の 92％に当たる 5,060 ha が市街化調整区域にあり，しかもここ 10 年間の市街化調整区域内農地の面積はほとんど変化がなく安定している．他方，農振農用地区域面積は 5,029 ha で，市街化調整区域内農地の 91％を占めており，「調整区域の農地＝農用地区域」ということができる．このように市街化区域と調整区域との画然とした区域区分の上に，調整区域の農地には農振農用地区域をもれなくかぶせるという制度指定の取り組みが，安定した農地保全の前提にある．さらにその後の農地転用に係る制度運用の厳格さとも相まって，農地の開発は強く規制されてきた．

しかし同じ市街化調整区域の農振地域にあって，里山や集落内の宅地等に関しては都市計画法の規制に限界があり，土地の区画形質の変更を伴わない開発，具体的には資材置き場や廃車置き場等の農村景観を大きく損なう開発が増加していた．このことが地域住民や行政にとって，大きな問題として認識されてきたのである．

こうした中，神戸市では独自の緑地保全の取り組みが開始される．それは 91 年に制定された山林を対象とする「緑地の保全，育成及び市民利用に関する条例」に端を発する．さらに神戸市は 91 年に新たに農村地域の保全を目的とした審議会を発足した．この審議会で答申されたのが「秩序ある土地利用規制」「新しい地域政策の展開」「農村景観の保全・創出」であった．その後も学識経験者を中心に検討が進められ，95 年には「人と自然の共生ゾーン審議会」が設置され，条例案が検討された．そして 96 年 4 月に「人と自然との共生ゾーンの指定等に関する条例」が制定される．5 年という長期にわたるねばり強い検討が特筆されるべきであろう．こうして農村地域全体にわたる土地利用規制と計画に基づく土地利用の実現を可能とする，神戸市独自の仕組みが，条例として結実したのである．

この条例は「秩序ある土地利用」を起点に「里づくり」と「住民参加」,「自治体と住民の協働」をその目的に据えた．注目したいのは「この「里づくり」こそが最終的なターゲットである」と強調する，条例の立案に携わった農政担当者の言葉である．要するに「住民参加」「秩序ある土地利用」「自治体との協働」の上に「里づくり」＝農村地域活性化ができて，はじめて条例の目的が実現するということである．

(2) 条例と土地利用計画制度

ところで，土地利用計画制度に着目するならば，条例制定の背景には，現場における現在の土地利用計画制度への批判があった．まず農振制度に対しては，確かに農用地区域の保全は可能であるが，全国一律の強靭で固定的な土地利用コントロールであり，それ故に農地所有者の反発を招きかねないという問題提起である．地域の実態に応じた柔軟なコントロールが必要ではないかというのである．特に神戸市のような都市的地域では，「市街化区域の用途地域のような土地利用の細分化が必要ではないか」という．農振地域の土地利用に柔軟性を持たせようというのである．こうして後述のように「共生ゾーン」は4つの農村用途区域によって構成されている．

さらに，農村地域の実態をみると「圃場整備の実施→農道の整備→ダンプが里山に入りやすくなる→都市計画法の開発許可の対象とならない資材置き場や廃車置き場，産廃処分場のような無秩序な開発の増加→農村環境の悪化」という悪循環が進んでおり，現行の都市計画法では農村地域の保全が不十分であるという現実がある．さらに里山の所有者が地域住民ではない場合が少なくないことも問題であった（相続等を契機に都市の所有者が増加）．

こうして，土地利用計画との関わりでいえば，「里づくり」に取り組む現場が抱える土地利用の問題点にもとづいて，現行の土地利用計画制度の問題点を埋め，秩序ある土地利用を実現する手段が，この条例の特質なのである．

そこで以下，まずは里づくりを制度化した神戸市の条例の内容・構成・仕組みを紹介し，その後に具体的な地域の里づくりの到達点と課題を検討する

こととしたい．

(3) 条例の仕組みと考え方
1) 条例の仕組み

条例は，第1章「総則」，第2章「人と自然との共生ゾーン」，第3章「農村用途区域及び農村景観保全形成地域」，第4章「里づくり協議会」，第5章「表彰および支援施策」，第6章「人と自然との共生ゾーン審議会」，第7章「雑則」によって構成されている．以下，そのポイントを簡単に紹介しよう．

第2章（人と自然との共生ゾーン）の第1節（人と自然との共生ゾーン整備基本方針・第6条）では，市長が「人と自然との共生ゾーン整備基本方針」を定めることが規定されており，基本理念や目的，目標からなる「基本計画」を定めるとされている．この「基本計画」には「農村用途区域の指定基準」，「農村用途区域の土地利用基準」，「景観保全形成基準」が必要に応じて定められるとしている．つづく第2節（人と自然との共生ゾーン・第7条）では，市長が基本計画に基づいて「人と自然との共生ゾーン」を指定でき，その区域を公告する義務を負うことが規定されている．ポイントは，市長が「基本方針」「基本計画」を定め，さらに「人と自然との共生ゾーン」を指定できる第1の権限を有しているという点にある．

第3章（農村用地区域及び農村景観保全形成地域）第1節（農村用地区域）では，まず第8条（農村用途区域の指定）において，①市長が「人と自然との共生ゾーン」において農村用地区域を指定できること，②用途が「農業保全区域」「集落居住区域」「環境保全区域」「特定用途区域」の4つから構成されていること，③指定する場合に，事前に農村用途区域の「指定基準」と農村用途区域の「土地利用基準」を基本方針に定めなければならないこと，そして農村用途区域を指定する手順，さらにその公開，公告・縦覧の原則が規定されている．

第9条（農村用途区域の変更）では農村用途区域の指定基準の変更や，人

と自然との共生ゾーンの指定区域の変更の規定に加え，地域がつくる「里づくり計画に係る里づくり協定を認定した場合において，必要があると認めるとき」に，農村用途区域の変更が認められることが規定されている．ポイントは，「農村用途区域」に係る規定を定めた上で，市長が第1に「農村用途区域」の指定できるという点であり，この市長によって定められた「農村用途区域」の変更には住民参加で策定される「里づくり協定（計画）」が必要とされていることである．

第10条～14条（農村用途区域内における届出等・報告等・違反行為等の公表・立ち入り）では，農村用途区域内での一定の開発行為（条例内に例示）に対する届出の義務が規定され，それが土地利用基準に適合しない場合には，市長が勧告や命令を出すことができるとともに，違反者に対しては氏名・住所・勧告または命令の内容を公表し，行政が当該土地等への立ち入りができること，等が規定さている．

第3章第2節（農村景観保全形成地域）では，まず15条（農村景観保全形成地域の指定等）において，市長が人と自然との共生ゾーンの指定区域で，保全すべき自然景観や，神戸らしい景観と認められる地域を農村景観保全形成地域に指定でき，そしてさらに里づくり協議会が景観保全計画を定めた場合には，市長が里づくり協議会の計画を尊重した景観保全形成基準を定め，農村景観保全形成地域に指定できるとしている．さらに16条（農村景観保全形成地域内における届出等）では，条例に規定される行為について届出が必要とされ，違反者に対しては上記10～14条の規定が適用されるとされている．ポイントは農村景観保全区域は市長だけではなく，里づくり協議会が景観保全計画を定めることを通して，各地区独自の農村景観保全形成基準をもつ農村景観保全地域が指定されるということである．

第4章（里づくり協議会）の第18条（里づくり計画）では，①自治会など地域に住所を有する者の地縁に基づいて形成された団体の支持を基礎にした組織の申し出により，市長が一定の要件にもとづいて「里づくり協議会」として認定できること，②里づくり協議会が「里づくり計画」を策定でき，

市長からその認定を受けることができること，③里づくり計画で定めるべき事項，そして④里づくり計画には地域住民の過半数の賛成が必要であるという点が規定されている．上述のように，この里づくり計画で策定された地域の自主的な土地利用計画に基づいて，当初市長によって定められた農村用途区域の変更が認められることとなる．さらに19条（里づくり協定）では，里づくり計画に基づいた「里づくり協定」を住民の3/4の同意で締結でき，それを市長が認定することによって，市に支援の義務が生じることが記されている．

このうち「里づくり計画で定めるべき事項」では，①里づくり計画の名称，②計画地区の位置と区域，③地区の整備の目標・方針，④農業振興計画，⑤環境整備計画が必須事項とされ，土地利用計画，景観保全形成計画，都市農村交流，その他農村環境整備に必要な事項が選択事項（必要があると認められる場合）と規定されている．つまり里づくりの目的はあくまで地域づくり，地域活性化であり，土地利用計画はその手段として位置づけられている．地域づくりの合意を前提とした土地利用計画（開発）だ，ということである．こうした性格の土地利用計画だからこそ，上述のように，里づくり計画に規定された土地利用計画で，市長が指定した当初土地利用計画（農村用途区域指定）が変更できる．さらに里づくり協議会が地域住民の参加と合意形成の場となっていること（住民の過半数の賛成）がその前提となっていることも重要なポイントである．

2) 農村用途区域の指定基準

では，条例に定められている農村用途区域とはどのような土地利用区分なのか．図3-1は農村用途区域の概念を示したものである．また表3-2は各農村用途地域の指定基準を示したものである．以下の4つの農村用途地域の特徴を簡単に紹介しよう．

①まず，農業保全区域とは，基本的に農業の振興及び良好な営農環境の整備，保全，活用を目的にした土地利用の区域で，指定規模は概ね3ha以上

農村用途区域	環境保全区域	農業保全区域	集落居住区域	特定用途区域	
				A区域	B区域
区域の考え方	良好な営農環境及び生活環境に配慮するとともに基本的に良好な自然環境の整備，保全及び活用を目的とした土地利用の用途に供する区域	基本的に農業の振興及び良好な営農環境の整備，保全及び活用を目的とした土地利用の用途に供する区域	基本的に良好な生活環境の整備，保全及び活用を目的とした土地利用の用途に供する区域	基本的に他の用途区域における土地利用以外の土地利用の用途に供する区域	
指定規模	概ね3ha以上		既存施設を含める場合　概ね1ha以上 （既存敷地の1.5倍以内） 新規に計画する場合　概ね1～2ha		
土地利用の方向	基本的に自然環境を保全しながら，土地利用調整を行う	基本的に営農環境を保全し，農業の振興を目的とした土地利用を行う	基本的に生活環境に配慮しながら，土地利用を計画的に行う	市街化調整区域で立地可能な施設を計画的に行う	他の区域には，ふさわしくない土地利用を行う
区域内の土地利用（例示）	里山 河川 ため池	農地 農業用施設	農家住宅 分家住宅 生活関連施設	学校 社会福祉施設	駐車場 資材置場 廃車置場

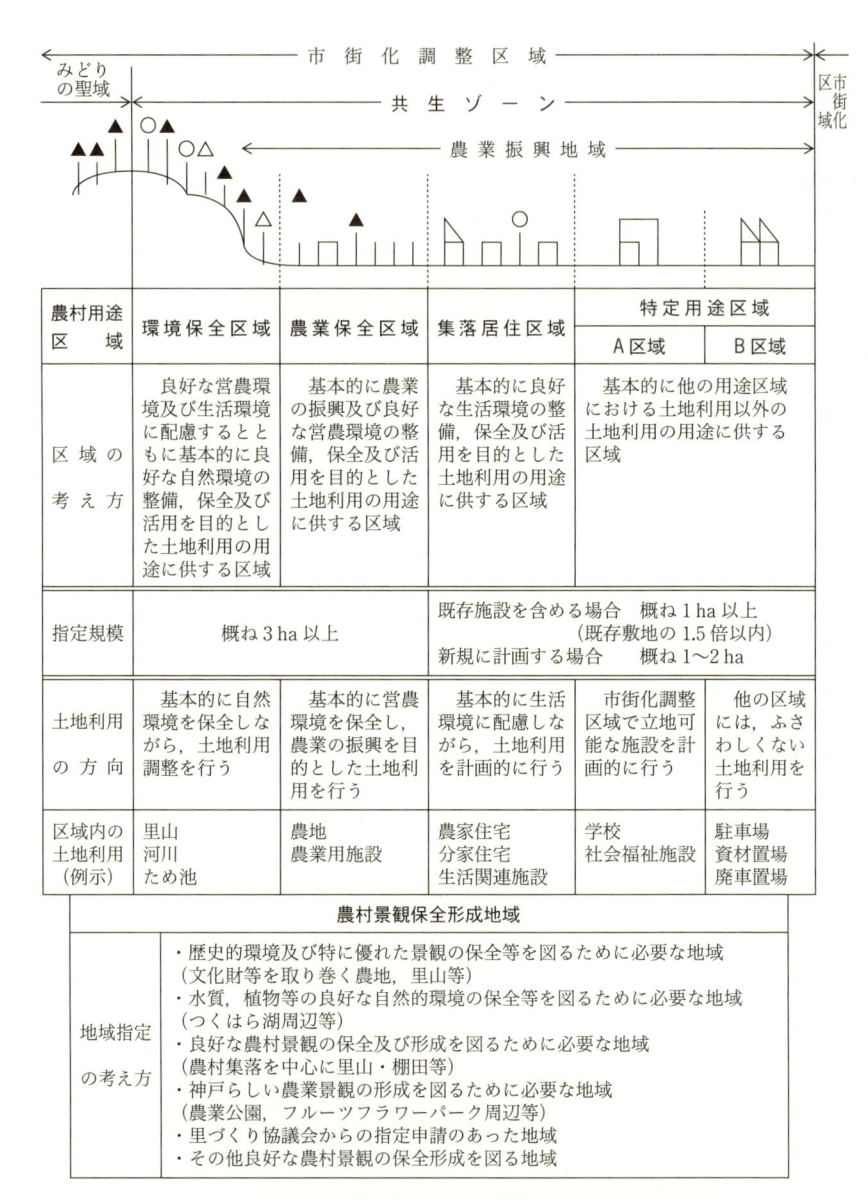

	農村景観保全形成地域
地域指定の考え方	・歴史的環境及び特に優れた景観の保全等を図るために必要な地域 　（文化財等を取り巻く農地，里山等） ・水質，植物等の良好な自然的環境の保全等を図るために必要な地域 　（つくはら湖周辺等） ・良好な農村景観の保全及び形成を図るために必要な地域 　（農村集落を中心に里山・棚田等） ・神戸らしい農業景観の形成を図るために必要な地域 　（農業公園，フルーツフラワーパーク周辺等） ・里づくり協議会からの指定申請のあった地域 ・その他良好な農村景観の保全形成を図る地域

図3-1　農村用途区域・農村景観保全形成地域の概要

表 3-2 農村用途区域の指定基準（概略）

【農業保全区域】
- 指定区域
  (1) 農業振興地域整備計画に定められた農用地区域
  (2) その周辺農地，農業施設や農家住宅敷地等，農用地区域および一体的に整備，保全，活用する区域
- 設定規模　おおむね 3 ha 以上

【集落居住区域】
- 指定区域
  (1) 農家住宅や分家住宅，商業施設，公共施設等の土地利用が一団となっている区域（既存集落）および一体的に整備，保全，活用する区域
  (2) 新たに計画的な整備，活用を図る区域（新規住宅）
- 指定条件
  (1) 里づくり計画に定められた土地利用計画を尊重する
  (2) 原則として農用地区域に指定しない，ただし条件によっては指定可
- 設定規模
  (1) 既存集落を含める場合は，おおむね 1 ha 以上，ただし敷地面積の 1.5 倍を超えない．農用地区域を含む場合は 2 ha を限度
  (2) 新規宅地を計画・区域指定場合は，おおむね 1 ha 以上，2 ha を限度

【環境保全区域】
- 指定区域
  (1) 樹林地，河川，ため池，農地等が一体的に良好な自然環境を形成している区域
  (2) 農村用途区域の当初指定時に，跡地利用が明確ではない過渡的な土地利用区域
- 設定規模　おおむね 3 ha 以上

【特定用地区域】
- 指定区域
  (1) 特定用途 A 区域と，特定用途 B 区域に区分する
  (2) 特定用途 A 区域は，大規模公共公益施設や沿道サービス施設等，調整区域に立地可能な一団の土地利用が行われている区域，及び計画的に誘導する区域
  (3) 特定用途 B 区域は，資材置き場，廃車置き場等，農地地域にふさわしくない一団の土地利用が行われている区域，及び計画的に誘導する区域
- 指定条件
  (1) 里づくり計画に定められた土地利用計画を尊重する
  (2) 原則として農用地区域に指定しない，ただし条件によっては指定可
  (3) 特定用途 B 区域の指定は，里づくり協議会の区域に 1 区域を限度とする
  (4) 特定用途区域は幹線道路沿いに指定できない，ただし条件によっては指定可
- 設定規模
  (1) すでに特定用地区域に係る土地利用が一団となって行われている場合には 1 ha 以上，1.5 倍を限度，農用地区域を含む場合は 1 ha を限度
  (2) 新たに設定する場合には 1 ha 以上，2 ha を限度，単独で 2 ha を超える場合はこの限りではなく，農用地区域を含む場合はおおむね 1 ha を限度

である．具体的には農地，農業用施設等の土地利用が該当する．要するに一定の広がりを持つ農業生産のための土地利用である．

②ついで，集落居住区域とは，基本的に良好な生活環境の整備，保全，活用を目的とした土地利用の区域である．指定規模は既存施設の場合概ね1ha以上で，既存敷地の1.5倍以内とされている．具体的には農家住宅，分家住宅，生活関連施設等が該当する．

③環境保全区域は，良好な営農環境及び生活環境に配慮するとともに，基本的に良好な自然環境の整備，保全，活用を目的にした土地利用の区域である．指定規模は概ね3ha以上で，具体的には里山，河川，ため池等の土地利用が該当する．

④特定用途区域は，他の用途区域における土地利用以外の目的に供する土地利用で，A区域とB区域の2つがある．いずれも指定規模は既存施設の場合で概ね1ha以上，既存敷地の1.5倍以内とされている．A区域は市街化調整区域で立地可能な施設を対象に，計画的に立地を誘導するもので，具体的には学校，社会福祉施設等が該当する．B区域は他の区域への立地がふさわしくない土地利用で，具体的には駐車場，資材置き場，廃車置き場等が該当する．

3) 村用途区域の土地利用基準

土地利用基準は表3-3の通りで，上記の各農村用途区域ごとに立地可能な施設が規定されている．注目されるのは多くの施設立地に条件が付されていることである．その条件には4つのタイプがある．具体的には（表中の＊印）①当該土地が農地の場合，用途区域内外に農地以外の代替えの土地がないこと，②里づくり協議会の承認が得られること，③里づくり計画の中に当該土地利用が位置づけられていること，④良好な農村環境及び農村景観の保全等の見地から市長との協議が行われること，である．この4つの条件は特定用途以外では複数付されており，①②④のタイプ，③④のタイプ，②④のタイプが目立つ．農業関連施設以外の施設の立地については，ほとんどで④

第3章 土地利用調整条例の挑戦と課題

表3-3 土地利用基準／施設立地表（抜粋）

○─立地可能, △＊─条件付きで立地可能, ×─立地不可/☆─開発許可（都計法）が必要な施設

農村用途区域 施設名称	農業保全	集落居住	環境保全	特定用途 A区域	特定用途 B区域
温室, 育苗施設	○	○	○	○	×
農舎, 農産物集出荷施設	△＊1	○	○	○	×
農産物貯蔵施設, 農業用資材置場, 農機具等収納庫	△＊1	○	○	○	○
畜舎	○	×	○	×	×
堆肥舎	○	×	○	×	×
農家住宅, ☆分家住宅, ☆集会所	△＊1	○	○	○	×
☆日常生活関連施設(小売りサービス店舗等)	△＊1,2,4	○	○	○	×
〃　　　（農機具等修理工場）	△＊1,2,4	△＊2,4	△＊2,4	△＊2,4	×
☆農産物加工施設(500 m² 未満)	△＊1,2	△＊2	△＊2	○	○
〃　　　（500 m² 以上）	△＊1,3,4	×	△＊3,4	△＊4	△＊4
居住者の自己事業用　駐車場・資材置場(1,000 m² 未満)	△＊1,2,4	○	△＊2,4	○	○
社会福祉施設・医療施設・学校	△＊1,2,4	△＊2,4	△＊2,4	△＊2,4	×
☆ドライブイン・ガソリンスタンド	△＊1,2,4	△＊2,4	△＊2,4	○	○
駐車場・資材置場・洗車用	△＊1,3,4	×	△＊3,4	×	△＊4
廃車置場	×	×	△＊3,4	×	△＊4
土採取場・廃棄物処理場	×	×	△＊3,4	×	△＊4
☆運動・レジャー施設(3,000 m² 未満)	△＊1,2,4	△＊2,4	△＊2,4	△＊4	×
☆　〃　　（3,000 m² 以上）	△＊1,3,4	×	△＊3,4	△＊4	△＊4
公共事業に伴う閉設施説 一時的な資材置場・駐車場	△＊1,2,4	△＊2,4	△＊2,4	△＊2,4	△＊4

〔条件〕
* 1　当該土地が農地である場合，当該用途区域内外に農地以外の代替えの土地がないこと．
* 2　里づくり協議会の承認が得られること．
* 3　里づくり計画の中に当該土地利用が位置づけられていること．
* 4　良好な農村環境及び農村景観の保全等の見地から行う市長との協議が行われること．
  ① 土地利用が周辺の区域における良好な営農・生活・自然環境の整備・保全・活用及び農村景観の保全・形成に配慮していること．
  ② 建築物（工作物を含む．）の設置を伴う場合には，建築物の位置・規模・形態が周辺の区域における良好な農村景観の保全・形成に配慮していること．
  ③ 土地利用を行う区域内に緑地を設けること．
  　ア　緑地は市開発指導要綱の基準を準用し設ける．ただし，緑地の面積はウの割合による．
  　イ　植栽により緑地を設ける場合は，特に道路等の公衆の用に供される場所からの景観等に配慮すること．
  　ウ　緑地の面積は，敷地面積に対し下記に示す割合以上であること．
  　　　1 ha 未満⇒ 10/100　　1 ha 以上⇒ 20/100
  ④一時的な土地利用にあっては，利用後の復旧計画が明確であること．

の良好な農村環境及び農村景観の保全等の見地から市長との協議が行われることとする条件が付けられている点が注目される．つまり農村環境・農村景観を重視することと，里づくり協議会の承認や里づくり計画＝里づくり協議会を介した地域合意の位置づけの大きさが注目されるのである．

4) 里づくり協議会のすすめ方

図3-2によると，里づくり協議会の設立は自治会役員の呼びかけによって始まる．もちろん行政の支援がある．話し合いの中で集落の問題点を出し合いながら，地域づくりの方向を検討していく．そして①農村環境の整備を目的とし，②自治会や諸団体の支援が得られる地域合意が得られた組織であることを条件に，市長より「里づくり協議会」として認定されることとなる．認定されると一定の予算措置も受けることができ，またアドバイザーである大学関係者の協力も得て，1年程度の期間をかけて里づくり計画を策定することとなる．

5) 共生ゾーンと農村用途区域指定の方法

前述のように，条例の地域への適用は市長がまず共生ゾーン区域に指定し，さらに農村用途区域も指定することから始まる．前述のように農村用途区域は4つの用途から構成されているが，当初指定の実態は，基本的に環境保全区域と農業保全区域の2つの用途のみが指定されている．住民への情報提供として配布された1998年10月の『農政ミニニュース』における「人と自然との共生ゾーンの区域変更・農村用途区域の指定素案概要図」によると，集落居住区域が当初から指定されているのは西区の4集落のみである．また特定用途A区域に指定されているのは，学校や病院，福祉施設等，既存の31施設に限定されており，特定用途B区域に指定されているのも，既存の工場，操車場，クリーンセンターの6施設に限定されている．このように農家分家や農業施設以外の施設の立地が厳しく規制される上記2つの用途区域が最初に指定されている．

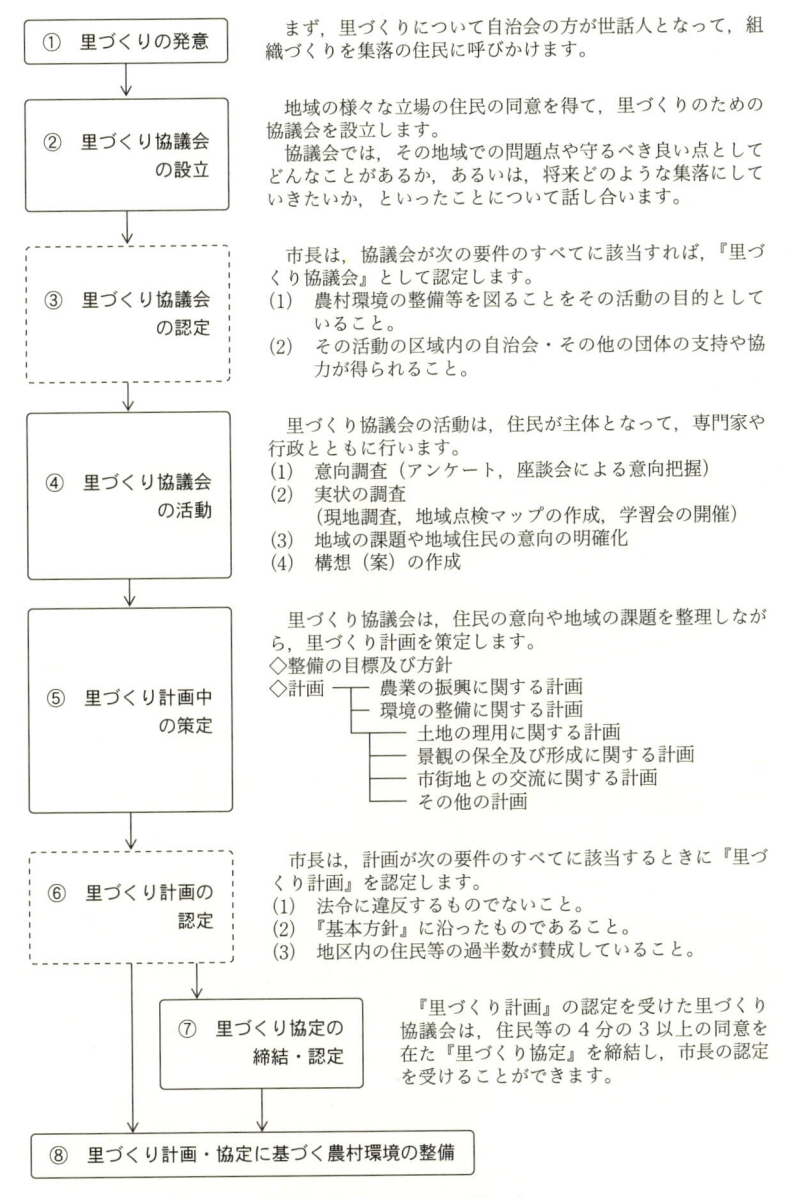

第3章　土地利用調整条例の挑戦と課題

① 里づくりの発意	まず，里づくりについて自治会の方が世話人となって，組織づくりを集落の住民に呼びかけます。
② 里づくり協議会の設立	地域の様々な立場の住民の同意を得て，里づくりのための協議会を設立します。 協議会では，その地域での問題点や守るべき良い点としてどんなことがあるか，あるいは，将来どのような集落にしていきたいか，といったことについて話し合います。
③ 里づくり協議会の認定	市長は，協議会が次の要件のすべてに該当すれば，『里づくり協議会』として認定します。 (1)　農村環境の整備等を図ることをその活動の目的としていること。 (2)　その活動の区域内の自治会・その他の団体の支持や協力が得られること。
④ 里づくり協議会の活動	里づくり協議会の活動は，住民が主体となって，専門家や行政とともに行います。 (1)　意向調査（アンケート，座談会による意向把握） (2)　実状の調査 　　（現地調査，地域点検マップの作成，学習会の開催） (3)　地域の課題や地域住民の意向の明確化 (4)　構想（案）の作成
⑤ 里づくり計画中の策定	里づくり協議会は，住民の意向や地域の課題を整理しながら，里づくり計画を策定します。 ◇整備の目標及び方針 ◇計画　── 農業の振興に関する計画 　　　　── 環境の整備に関する計画 　　　　── 土地の理用に関する計画 　　　　── 景観の保全及び形成に関する計画 　　　　── 市街地との交流に関する計画 　　　　── その他の計画
⑥ 里づくり計画の認定	市長は，計画が次の要件のすべてに該当するときに『里づくり計画』を認定します。 (1)　法令に違反するものでないこと。 (2)　『基本方針』に沿ったものであること。 (3)　地区内の住民等の過半数が賛成していること。
⑦ 里づくり協定の締結・認定	『里づくり計画』の認定を受けた里づくり協議会は，住民等の4分の3以上の同意を在た『里づくり協定』を締結し，市長の認定を受けることができます。
⑧ 里づくり計画・協定に基づく農村環境の整備	

図 3-2　里づくりの進め方

これに対して，土地利用の緩和を可能とする手段が上述の里づくり計画である．土地利用計画という観点からみると，里づくり計画は地域づくりを目的とした，地域住民の合意にもとづく開発計画・土地利用規制の緩和であるといえる．住民合意の開発行為であることを条件に，市長との協議に基づいて集落居住区域や特定用途区域が指定できることとなる[1]．

(4) 条例の実施状況
1) 指定状況

まず市街化調整区域における土地利用計画指定状況は，市街化調整区域35,324 ha に対して「人と自然との共生ゾーン」に指定されている地域が17,882 ha で50.2%を，「緑の聖域」に指定されている地域が14,937 ha で42.3%をそれぞれが占めており，調整区域のほとんどが，いずれかの条例による土地利用規制の対象となっている．

さらに表3-4にみるように共生ゾーン内の農村用途地域指定をみると，農業保全区域が8,995 ha で50.6%，環境保全区域が8,368 ha で47.1%，集落居住区域219 ha で1.2%，特定用途区域が194 ha で1.1%を，それぞれが占めている．前述の当初指定でもみたように，農村用途地域指定の実際の姿は，農業保全区域と環境保全区域がそのほとんどを占めていることがわかる．要するに農林地等の農村環境保全的な土地利用計画なのである．

2) 里づくり協議会の組織化状況

では，住民参加の場である里づくり協議会の設立状況はどうなのか．表3-5にみるように市内には164の集落があるが，このうち里づくり協議会が

表3-4 農村用途地域指定の状況（2002年10月現在）

(単位：ha)

共生ゾーン	農業保全	環境保全	集落居住	特定A	特定B
17,776	8,995	8,368	219	143	51

出所：神戸市農政課資料．

第 3 章　土地利用調整条例の挑戦と課題　　　　　　　　65

表 3-5　里づくりへの取り組み状況（2002 年 10 月現在）

総集落数	協議会設立集落数	里づくり計画策定集落数
164	151	64

出所：神戸市農政課資料.

　設立されているのは 126 地区（151 集落）となっている．実に 9 割をこえる集落で，里づくり協議会が設立されている．さらにこのうち里づくり計画が策定されているのが 64 集落で全集落の 39% にあたる．このように神戸市農村全体をあげて里づくりへの取り組みが実施されている．

　しかし里づくり計画には時間がかかり，行政担当者は「最低でも 1 年はかかる」という．また「計画づくりには自治会，農会，婦人会，消防団，老人会，代表者をみんな参加させるよう指導した」ことを強調する．要するに全員参加でじっくり計画づくりに取り組む必要があるということである．さらに「地域リーダーの有無，取り組み方で集落の対応が決まる」と指摘するが，後述の事例でもリーダーの役割の大きさが指摘できる．

　因みに，1999 年の当初指定以降，2002 年 7 月までに 4 回の農村用途区域の指定変更がなされており，このうち 2 回が里づくり計画策定による変更である．

(5)　新田園コミュニティ計画指針の策定
1)　新田園コミュニティ計画指針のねらいと位置づけ

　条例にもとづく地域支援策として 2002 年に新たに策定されたのが，「新田園コミュニティ計画指針」である．「指針」では①農村部では少子化に伴う児童数の減少や高齢化への対応が緊急の課題なので，②市街化調整区域における地区計画に適合する開発行為であれば農村地域において小規模な住宅開発が可能になった都市計画法改正を活用して，③農業・農村地域の豊かな自然環境を活かしながら都市との調和に配慮したコミュニティの実現をめざす必要があるとしている．既存の住民と新しい人々との融合を図り，「新しい

表 3-6 市街化調整 4 地域の人口と小学生数の動向

(単位：人)

	岩岡町		神出町		大沢町		淡河町	
	人口	小学生数	人口	小学生数	人口	小学生数	人口	小学生数
1958 年	5,671	890	6,655	987	870	233	4,984	699
1968 年	5,768	570	6,856	646	1,593	169	4,175	423
1978 年	6,600	648	8,300	705	1,512	101	4,012	370
1988 年	10,213	989	8,451	510	1,429	113	3,990	307
2098 年	14,589	1,084	8,594	380	1,329	82	3,615	256

資料：神戸市農政課．

コミュニティをつくり，そだてる」ことが大切だというのである．

　表3-6は市街化調整区域の4地域の人口と小学生数をみたものであるが，緑農住事業で大規模土地区画整理事業を実施した西区の岩岡町では人口，小学生数が増加しているものの，北区の大沢町と淡河町では人口も小学生数も減少が続いている．人口が微増を続けている西区の神出町でも小学生数は大きく減少している．

2）新田園コミュニティ計画の条件

　重要な点はこの「新田園コミュニティ計画」が里づくり計画と連動していることである．「指針」では，「里づくり計画の整備の目標や方針の中に「新田園コミュニティ」に関する方針を明示し……詳細な計画である「新田園コミュニティ計画」を定めることが必要（であり）……その内容は集落の土地利用計画や景観保全形成計画等へ反映されなければならない」としている．したがって土地利用計画においても「適切な農業保全区域，環境保全区域（とともに）……新田園コミュニティ計画導入予定区域を包含した集落居住区域の設定」が必要としている．さらに「新田園コミュニティの導入にあたっては，農村景観保全形成地域の指定が必須の条件……市長は認定した里づくり計画（協定）の景観保全形成計画を反映して，指定する地域ごとに，独自の「景観保全形成基準」を策定し，「基本方針」の中に定めたうえで農村景観保全形成地域を指定します．「景観保全形成基準」は，具体的な土地利用

行為の適否の判断基準となり，さらに基準を満たす条件として「里づくり協議会の承認」等を必要とすることにより，地域住民の意向が確実に担保されるようにします」としており，農村環境と住宅開発の共存が強調されている．開発の規模についても制限があり，既存集落の戸数を上限に，概ね2ha以下とされている．

(6) 里づくりの3つの取り組み事例
1) 事例の位置づけ

神戸市では同じく市街化調整区域といっても，西区と北区では大きくその性格が異なる．西区は平坦で広がりを持つ水田となだらかな里山によって構成され，開発圧力も存在している．これに対して北区には中山間地域が多く，過疎化が心配される集落を多く抱えており，農村振興が市の大きな課題となっている．

ここでは3地区の里づくりの取り組みを紹介する．表3-7は各地区の概要を整理したものである．西区では野中地区と神出北地区を取り上げる．野中地区では「優良農地の保全」を課題としており，神出北地区では「集落営農と都市農村交流」を課題としている．圃場整備された広がりを持つ水田の保全と活用をめぐる課題といえよう．

北区では中地区を取り上げる．北区の中でも比較的市街地に近い位置にあるが，若者の流出が続いており，「直売と都市農村交流」「集落営農」を課題に，女性や高齢者をはじめとした住民参加に取り組もうとしている事例である．

2) 野中地区における土地利用計画による農地保全
（イ）地域の概要と里づくりの経緯

野中地区は神戸市西区の市街化区域に接する純水田農村地帯で，JR西明石駅から30分の位置にある．地区は9集落（講）3自治会から構成される旧村である．とはいえ地区の世帯数は360戸と比較的小規模で，農家が半数

表3-7 里づくり協議会の概要

	野中地区（西区）	神出北地区（西区）	中地区（北区）
世帯数（うち農家）	360 (180)	70 (53)	80 (38)
範域	新田開発村（9集落）	集落	集落
協議会の基盤	自治会	自治会	自治会
地区の位置	市街化区域に隣接する農振地域	農振農用地区域の純農村バイパス通過予定	市街化区域に近接する純農村 旧村の中心集落
計画課題	優良農地の保全 無秩序な開発の抑制	集落営農　都市農村交流 市民農園　農地の保全	若者の定住条件整備 農産物直売・都市との交流 神戸市公共施設建設計画
里づくりの契機	神戸市と農業委員の働きかけ	圃場整備事業	神戸市の働きかけ
里づくり計画 ①土地利用計画	・集落居住区域の設定（12カ所の転用許可）	・集落居住区域の設定（2カ所の転用許可）	・幹線沿い一部の集落居住区域への編入，特定用途Aの設定（公共施設用地）
②農業振興計画	・集落営農の再編 ・野菜振興と直売 ・市民農園の検討	・神出北ファームビレッジの事業展開（直売所の設置，朝市の充実，農業体験施設の建設，観光農業の検討等）	・菊やナス等特産物の振興 ・直売所設置と直売組織づくり ・集落営農組織づくり
③生活環境整備計画	・沌戸池跡地の公園構想 ・交通危険箇所の整備 ・集落環境整備	・「ふれあい広場」の整備	・公会堂（公民館）整備 ・予定公共施設の活用
今後の課題	・活動の活性化	・都市農村交流の一層の推進	

を占める．農地面積は120 ha である．

野中地区の所属する岩岡地区では1972年から緑農住事業が導入され，野中地区でも73年から75年にかけて圃場整備事業が実施されている．緑農住事業は線引き過程で導入され，野中地区のように市街化調整区域に編入され

た地域では圃場整備が，逆に市街化区域に編入された地域では土地区画整理事業が実施された．野中地区はこの市街化区域と接している．なお市街化区域に隣接するものの不動産経営をもつ農家はない．

　この圃場整備事業を契機に自治会単位（各3集落で構成）で営農組合が設立された．営農組合ではミニライスセンターが導入されたが，全農家が営農組合に加入したわけではなく，農機具を自己所有する農家は別にある農協のカントリーエレベーターを利用し続けているのだという．

　野中地区における里づくりの取り組みは市内で最も早く，そのメインテーマはズバリ土地利用計画であった．実は条例づくりの中心的役割を担った市役所職員が，当時西区の農業委員会事務局長を務めていた．また野中地区選出の農業委員が西区の農業委員会長を務めていた．この2人が当時の土地利用の問題点を目の当たりにして，「このままでは廃材置き場や資材置き場として，許可を受けないまま虫食い的に開発が進む」と危機感を募らせたのである．また当時，担い手農家と若い農業者を中心に集落営農体制を強化することを考えていたが，地域が市街化区域と隣接しているために，農家の農地転用意向との調整をしていないと農地そのものの面的保全ができないのではないかという問題意識もあった．さらに「土地利用計画が一番難しいところから里づくりを計画していこう」という行政の考え方もあったという．野中地区でできれば，他地区でも可能だというのである．

　ところで実際に野中地区の土地利用計画を推進したリーダーは，この農業委員会長を務めた人の後継者として野中地区から選出され農業委員になった人で，西区の農地部会長となった人材である．この後継農業委員は「地域内の調整では前農業委員会長が支えてくれた」とその役割の大きかったことを指摘する．

（ロ）土地利用計画の策定過程

　前述のようにこの地域では緑農住事業を実施しているが，この事業では次三男などの宅地需要のある農家は市街化区域の農家と土地交換すべきことが条件となっていた．開発を市街化区域内の土地区画整理事業内に集約しよう

という考え方であった．しかし実際にはそうした政策的ねらいが農家に十分浸透することができず，土地交換は計画よりも少なかった．しかし農家の必要な宅地需要は市街化区域に集約された（はずだ）という政策的立場から，調整区域の開発は非常に厳しく規制されてきたという経緯がある．このため里づくり計画では農家の開発要求が一気に出されることとなった．

すなわち当初（1997年2月）に実施された土地利用意向調査では，半数の農家から転用希望が出され，地域の土地利用計画図は「真っ赤に染まった」という．そこでリーダーと市担当職員は「これは5年間の計画で，5年後にはまた見直すのだから，本当に5年内に必要な転用に限定してください」と説得し，最終的には24件の開発希望のみを計画に盛り込むこととした．

集落座談会は農会長をとりまとめ役に自治会単位で開催されている．地域全体のとりまとめは里づくり協議会でなされるが，これは集落の代表者42名からなる．さらにこの中から8人の代表委員が選出され代表委員会を構成する．里づくり計画の基本計画はこの代表委員会によってつくられている．この8人が各集落に散らばっており，しかも信頼される人材であったことがポイントだったという．

特に土地利用計画については，この8人が転用希望が出された農地を見に行き，適当であると確認した上で「集落居住区域」として位置づけることとした．また24件はいずれも他に分家用地がない農家に限定されている．そして最終的には総会の場で挙手をもって合意を確認している．

行政担当者は「これまでの農村の転用許可も（緑農住事業の結果もあって）都市計画的感覚でおこなわれてきた．これからは農村自ら農村地域のあるべき姿，開発を考えるべきではないか」と強調する．ただし本来であれば集落介在農地から転用すべきであり，そこに自分の土地がない場合，本来は交換分合して集落周辺に集約すべきだが，税制では売買と見なされて課税されることとなるためにできないと，現行制度の問題点を指摘する．

なお地区外の農地所有者120人に対しても土地利用意向のアンケートは実施している．しかし実際には「農地はそもそも農用地区域だから開発はでき

ない．それ以外の土地についても集落の決定に従ってくれ．地元に住んでいる人のための土地利用計画だ」として説得したという．

(ハ) 里づくりの成果と課題

こうして野中地区の全員が土地利用計画を認知し，「分家住宅も勝手には建てられない」という共通意識は形成された．また土地利用計画策定後，集落居住区域外で里づくり計画に位置づけられた転用予定地のうち，5年を経た現在，実際に転用されたものは24件中11件にとどまっており，全体として農地の保全効果は高いといえる．

しかし問題点も現れている．最大の問題が活動そのものの停滞である．地区では40歳代の農家の後継者数人が地域づくりに興味を持ち始めて勉強会を始めており，「何かしてみたいが里づくり協議会はなくなったのか」と当時の役員に疑問を投げかけているという．事実ここ2年間里づくり協議会は開催されていない．

その問題は組織体制にある．前述のように自治会＝里づくり協議会であり，事実上回り持ちで自治会長が代わっていくと，事情を知らない会長では里づくりの音頭をとることがなくなってしまうのである．土地利用計画のリーダーだった農業委員も今春その任を降りてしまい「もはや口を挟む立場にない」という．市役所の担当職員に音頭をとってもらう以外にないが，それまで担当していた職員も異動してしまい，経験は十分に蓄積されていない．さらに活動が停滞する要因として女性の活躍の場がなかったこともあげられている．前掲表3-7の「沌戸池の公園構想」もそのためのプランであったが，結局は実現されていない．

こうして，農地保全の地域合意はできた．また集落営農体制もある程度維持できている．しかし問題はその先にどのような里づくりがあるのか．ビジョンの共有と実践の体制づくりが問われている．

3）神出北地区における集落営農と都市農村交流
（イ）地域の概要と集落営農の取り組み

　神出町は神戸市西区に位置する旧村地域で 19 の集落によって構成されている．北集落（神出北地区）は神出町の西部に位置する水田農村地域である．地区の戸数は 70 戸で，このうち 53 戸を農家が占める．全農家が第 2 種兼業農家という兼業地帯である．

　神出北地区の土地利用計画は集落居住区域と農業保全区域によって構成されている．前者は集落と集落介在農地，神出ファームビレッジ（都市農村交流施設），さらに 2 件の分家宅地によって構成されており，位置的にもまとまりのある指定状況である．全体として抑制的な土地利用計画である．もともと純粋な農村地帯であるため個別の開発要求はなく，農振地域指定も当然のものとして受け止められていたという．

　神出北地区の里づくり特徴は，1970 年代後半以降の圃場整備事業の歴史に端を発する．地区では 79 年から 82 年にかけて圃場整備を実施し，88 年には農用地利用改善団体を結成，95 年には集落営農組織「北営農組合」を設立している．これは全員参加の稲作受託組織で，「利益追求の農業から温かみのある村づくり，安心して農業をつづけられる環境づくり」をコンセプトとしている．

　取り組みは当時自治会長であったリーダーの「農業・農地を守るために後継者達に必要以上の負担がかからないようにしたい，全員で守る体制をつくりたい」という強力な問題意識から始まる．具体的には 93 年にリーダーたちが営農組合の設立を集落に提起した．しかし農協や農家は批判的であった．そこで全農家に稲作のアンケート調査を実施した．その結果農機具の過剰な負担，資材費の負担，後継者問題，農産物価格の低迷といった稲作継続の問題点が浮き彫りになった．そこでリーダー達は先進地視察とともに，共同化によるコスト低減効果を数字で示した．訴えたのは「個別に経営しては赤字ばかり」「みんなの頭の切り替えが必要」「自分が農業ができなくても安心のシステム作り」という点であった．

しかも視察や研修への参加者は世帯主層にとどまらなかった．婦人会や高齢者の旅行も利用したのである．「年寄りは毎年酒を飲んでけんかばかりしていたが，2日あれば1日を見学に，日帰りなら先進地視察をするようにした．するとバスの中ではカラオケがなくなり，視察の意見交換の場となった」という．

ポイントは資金＝財産区の存在であった．圃場整備事業の中でため池を売却したが，その代金の半分は水利権の見返りとして集落の営農資金のために活用することとし，残る半分は自治体に帰属する底地権として集落全体で利用することとし，最終的にいずれも財産区に帰属させた．また圃場整備で一部がバイパス用地として買収されたが，個別買収はさせず不換地で創出した．農地価格をこえる開発利益を財産区に帰属させたのである．当然，農地所有者からは不満が出たが，リーダー達が説得に当たった．「圃場整備事業は集落の協力でできたのだから」ということである．

「北営農組合」のもつミニライスセンターや大型農機具はこの財産区の資金から無利子で借り入れて導入した．また後述の構造改善事業で導入した交流施設の地元負担も財産区から支出した．さらに集落が管理する神社の建て替えも財産区の資金を利用した．

要するに神出北地区には，このような内発的な里づくりの取り組みがあり，その上に神戸市の条例に基づく「里づくり計画」が乗ったということである．「里づくり計画」が集落全員の参加で取り組まれる背景には，こうした内発性・主体性があった．

(ロ) 北営農組合の運営

営農組合には集落50戸の全農家が加入しているが，組合を利用しているのは48戸である．2戸はまだ機械を所有しており，いずれは組合を利用するとしている．

出役賃金は作業や年齢にかかわりなく時給1,500円とし，交流施設への出役賃金（主として女性が軽食堂の調理に当たる）の時給750円の倍に設定している．特に若者が営農に経済的な魅力を感じるように配慮しているのだと

いう．土日を中心に若者がオペレーターを担っており，オペレーターはこの30代・40代の6人に固定されてきている．また補助についても出役可能な組合員が全員何らかの作業に出られるように調整している．

生産した米は3割が飯米，1割が交流施設で直売，5割が農協出荷である．直売の対象者は後述の市民農園の利用者で，米の人気が高いのでこれを伸ばしたいという．営農組合の収益については黒字だが，組合としては利益を出さず，利益は作業料金を引き下げることで全員に還元している．

なお近年作業をせずに事実上農地を貸し付けている農家が6戸出ている．現在は自家飯米の形で10aあたり4万円相当を支払っているが，これを下げる方向で検討中である．問題はこうした作業に参加しない農家の増加が懸念されることだという．

(ハ)都市農村交流の取り組み

地区の次なる取り組みが都市農村交流である．前述のように地区内には国道バイパスが通過する計画があり，都市農村交流の可能性が大いに高まる．そこでまず97年に1.3ha，210区画の市民農園を開設し，その中心に交流施設「神出ファームビレッジ」を建築した．その後市民農園を2ha，253区画に拡大．1区画50m²で，利用料金は年間3万円で，利用者の人気は高い．

「神出ファームビレッジ」は自治会が経営しており，施設を中心にれんげ祭り，田植え体験，稲刈り体験，さつまいも掘り，餅つき，しめ縄づくり体験，ミソ・つけもの加工体験等の多様な交流事業を実施している．このイベントには集落内の150人が参加している．1戸当たり2人以上の参加である．老人会や女性部会が店を出したり，若者中心の消防団が駐車場整備に当たるなどしている．こうしてイベントは都市住民との交流の場であるとともに，地域住民同士の交流の場でもある．また毎週水曜日・土曜日には農産物の直売をしており，さらなる「開かれた農村づくり」を目指している．

(ニ)里づくりの推進体制

協議会の構成メンバーは自治会長を協議会長に据え，自治会役員が占めている．要するに自治会＝里づくり協議会である．図3-3にみるように，自治

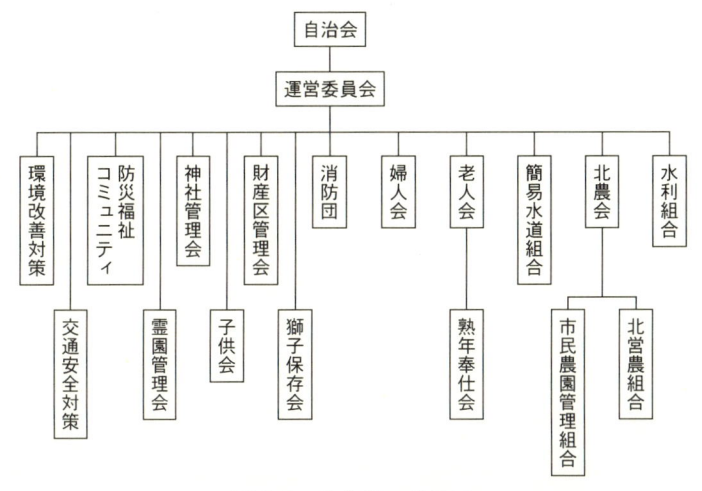

第3章　土地利用調整条例の挑戦と課題

```
                    自治会
                      │
                   運営委員会
   ┌────┬────┬────┬────┬────┬────┬────┬────┬────┐
 環境 防災 神社 財産 消防 婦人 老人 簡易 北農 水利
 改善 福祉 管理 区管 団   会   会   水道 会   組合
 対策 コミ 会   理会             組合
      ュニ
      ティ
   │   │   │   │           │   │
  交通 霊園 子供 獅子         市民 北営
  安全 管理 会   保存         農園 農組
  対策 会        会           管理 合
                              組合
```

図3-3　北集落の組織図

会には15の組織があり，自治会役員には全員が関係するように配慮している．全員合意が必要だからである．また毎月末の土曜日には自治会会長，副会長と各組織の長からなる運営委員会が開催され，毎月ミニコミ紙「自治会だより」が発行されている．

取り組みの中心だった自治会長は神戸製鋼を退社後，人材派遣会社を経営している．集落営農や都市農村交流で地域農業を活性化しようという発想や全員参加の自治会運営も，こうした人材だからできたのかもしれない．なおその自治会長はすでに交代しているが，現在の自治会長は前自治会長の片腕ともいうべき人で，取り組みに停滞はない．

(ホ) 新田園コミュニティの検討

さらに地域活性化を目的として，バイパス沿いに田園住宅地区（コンパクトタウン構想）の開発が検討されている．里づくり協議会で検討を進めているが，地価の下落が続いているために開発に係る収支が確定できず，開発の目途は立っていないようである．実現には今後さらに長期を要するのではないかとしている．

4) 山田町中地区における定住促進と農産物直売による活性化

(イ) 地域の概要と課題

中地区は神戸市北区の最南端に位置し，神戸電鉄箕谷駅から10分たらず，新神戸トンネルを使うと三宮まで車で30分という距離にある．市街化区域に接する純農村地域であり，過疎の進む北区北部の山村的地域と比較して位置的には恵まれている．

中地区は旧山田村の中心的集落でもあり，戦前から住む非農家世帯も多い．総世帯数は80戸で，農家が38戸，非農家が42戸となっている．水田が農地のほとんどを占め，かつては菊の産地として展開したこともある．しかし現在は専業農家は7戸と減少し，多くが第2種兼業農家である．

集落の最大の問題が若者の流出である．農外勤務の場合，多くが市の中心地域に住んだり市外に出ることとなる．市街地との距離を考えてもそれほど不便な地域ではないので，若者が定住したくなる地域づくりを目指したいとしている．というのも，旧山田町では毎年神社の祭りが華々しく行われているが，その御輿が非常に重く，担ぐのに80人が必要だという．しかし後継者等の若者の流出で今や学生アルバイトを雇って神輿を出すような事態となっており，里づくり協議会長はこの事態を深刻に受け止めているからである．

こうした中，地区の南部には一部他集落を含めた116 haの都市計画の特定保留区域があり，業者による2,800戸規模の住宅開発が予定されている．地目は山林が中心である．里づくり協議会会長は「開発地域に新設される病院等の都市施設を活用し，逆に住民に農村空間を提供する交流を推進し，若者の定住を促進したい」としており，開発効果を期待している．

(ロ) 計画の策定過程

里づくり計画は市役所サイドの推進で開始された．1998年に里づくり協議会が設立され，99年に計画づくりが始まる．翌2000年3月に里づくり計画が決定された．2年もかからず短期間に策定されている点が特徴である．

里づくり協議会会長＝自治会長ということで，他地区同様に自治会が里づくり計画検討の場となっている．現在の里づくり協議会会長は2代目で，前

会長が計画づくりの1年目で急逝したことにともない会計担当から自治会長に就任し，協議会長に就くこととなった．前会長は里づくりに熱心で，その熱意の上に計画づくりが成り立ったと強調する．現会長も前会長もともに神戸市消防局に勤務した先輩・後輩にあたり，気心は知れていた．自治会が基盤なので，非農家にも参加してもらうように働きかける努力をしているが，「私たちには関係ない」ということで特に意見も出なかったという．しかしとにかく出席してもらうことが大切だと考えたという．

しかし住民参加は困難を極めた．農家の世帯主の中には前述の特定保留地域の土地売買をめぐるトラブル等を背景に，一部の農家が集落や行政に反目し始めたのである．そもそもこのトラブルは里づくり協議会とは全く無関係の問題であるが，そのことを理解してもらえず参加してもらえなかったという．協議会長は世帯主層の「オレがオレが」という考え方を改め，地域全体を考えてもらわないと後継者の定住も困難と困惑している．

計画づくりには80戸中47戸が参加し，この47人全員の同意で策定されている．過半数をやっとこえた同意率である点に，その苦労が示されている．

(ハ) 取り組みと成果

成果として第1に自治会集会所「公会堂」の建て替えの実現があげられる．資金には神戸市から25%の助成を受け，特定保留地域の開発業者から地域貢献という名目で費用の半分を負担してもらっている．第2が公共下水道の整備である．2001から2年にかけて整備し，2003年から供用開始され，現在はほぼ全世帯が接続・利用している．第3が市が整備したサイクリングロードのうち地区内にある250mの部分に桜を植樹し環境整備に取り組んだことである．この植樹には非農家も参加している．

そして第4が農産物直売の開始である．農業後継者の1人が独自にマーケティングリサーチして計画書作成するなど，計画策定当初から期待の大きい取り組みであった．2002年11月から毎週日曜日の9時～10時の1時間だけではあるが，農家の自給野菜の余りを販売することから地道に始まった．今や開店前から30人以上が並ぶ盛況ぶりである．直売施設は総額30万円弱の

ビニールハウスで，市の助成を除く自己負担18万円は出荷組合が自治会から借り入れている．この1時間で10万円を売り上げており，借金返済のため当面は手数料20%を差し引くとしている．出荷組合には26戸が登録し，常時13戸が出荷している．地区には農家の嫁で子育ての最中にある7人からなる「フレッシュママの会」があり，自主的に会計など運営に参加している．「フレッシュママの会に若妻が加わる農家では，おじいさんが作った野菜を若妻が出荷しており，まさに3世代同居農家の見本である」と会長は強調する．価格も生協の半額程度と安く，農薬が少ないので安全性も消費者から受けている．今年（2003年）8月からは水曜日の夕方にも1時間開店するようにし，勤め帰りの主婦たちの期待にも応えるよう努力している．また周辺の集落の農家からも出荷希望が出ている．「消費者の希望を知ると地区の農業が良くなる」「集落の多くの農家が生産している渋柿の加工など，新たな加工に取り組みたい」「果物の導入や転作田を利用した枝豆の里づくりに取り組みたい」と今後を展望する．

(二) 里づくりの課題

第1の課題として住民参加の一層の推進をあげる．集落全体が一体となる里づくりを協議会長は願っている．その手段として考えているのが第2の課題である集落営農の取り組みである．次世代が安心できる営農体制の整備をすること，次世代への負担を軽減することである．そのためには世帯主層の意識変革が最大の課題である．若者の定住の条件をひとつひとつクリアーしていきたいと協議会長はいう．

2. 穂高町まちづくり条例

(1) 穂高町の概要と条例制定の背景

長野県穂高町は松本市の北，大糸線で約20分の位置にあり，人口は1965年以降一貫して増加している．特に1985年以降は，当時の町長の開発促進政策もあいまって，1985年24,581人，1995年28,713人，2001年31,855人

といったように，人口は急速に増加していった．松本市のベッドタウンとして，さらには首都圏からの来住者や別荘への定住者などによって，人口は増大していった．

都市計画についてみると，町はいわゆる未線引き都市計画区域で，中心部に310 haの用途区域が指定されているものの，この用途区域に増加する人口が集中せず，住宅開発は地価の安い用途区域外の農村集落周辺地域で，スプロール的に広がっていった．農村部におけるミニ開発の横行である．さらに県道や広域農道沿線には大型店舗やコンビニ等が立地していった．

こうした無秩序な開発が進む中で，町民の間では安曇野の農村景観が崩壊してしまうのではないかという危機感が広がっていった．また行政としてもスプロール的開発に，下水道や小学校等のインフラ整備が追いつかないという問題に直面していた．また農業的にも問題で，水田転作によって生じた耕作放棄が開発に結びつき，それがさらに農家の農地売却意識を強めるという悪循環に陥っていた．

(2) まちづくり条例策定までの経緯

まちづくり条例の取り組みは1994年，土地利用計画の必要性を掲げた現町長の就任によって始まる．町では95年に国土庁事業「土地利用構想調査」を実施し，この中で町内全世帯を対象としたアンケート調査を実施している．そこでは「土地利用規制を強化し住環境や自然環境を保全する」（賛成43%）と「開発を抑制すべきところと促進すべきところを明確に区分する」（賛成40%）という，土地利用計画の策定に賛成する回答が80%をこえる結果となった．ほとんどの町民が危機感を抱いていたことの証左である．

こうした意向をふまえ96年には国土庁「農村総合整備技術開発調査」を実施し，土地利用秩序に関する構想策定および用途区域外のゾーニングの提案をおこなっている．この段階から後述の研究者との共同の作業が開始され，さらに地区レベルでの説明会や検討会も開かれ，土地利用計画策定への方向が徐々に具体化されていった．

翌97年には国土庁「土地利用調整システム総合推進事業」が実施される．ここでは土地利用計画に向けた町・県・学識経験者・地元住民代表による土地利用協定基本計画策定協議会が設置され，1年間に4回開催されている．ここでは，単なる計画策定に終わらせることのないよう，町長・助役自ら全地区を説明に回り，住民合意形成につとめ，またこの基本計画を第四次総合計画の土地利用調整基本計画として積極的に位置づけ，実践的な計画として活かしている．こうして年度末の98年3月に「穂高町土地利用調整基本計画」が策定されることとなったのである．

98年には「土地利用調整基本計画」の実現を推進するために，「土地利用調整審議会」が新たに設置されている．委員会には野口和雄（地域総合計画研究所），大方潤一郎（東京大学），三邊夏雄（横浜国大），山崎一真（野村総研）の研究者グループが参画している．ここでは「土地利用調整基本計画」を実現するための「まちづくり条例」案の策定が課題であった．専門委員会を中心に，住民や町職員等との話し合いを積極的に実施する中で，11月に案が提出され，翌99年3月の議会で「穂高町まちづくり条例」が制定された．

このように「穂高町土地利用調整基本計画」の策定→その実現のための「穂高町まちづくり条例」の策定への展開が，穂高町の取り組みの特徴である．そこで，次にこれら「基本計画」と「条例」の内容を具体的にみてみよう．

(3)「穂高町土地利用調整基本計画」
1)「土地利用の基本方向」の明記―4つの基本―

土地利用調整基本計画ではまず「土地利用の基本方向」として4つの基本が明記されている．第1は「優良農地の保全」である．ここでは農地が町の基幹産業である農業の基盤であり，同時に水資源の涵養，環境保全等の公益的機能を発揮していること，さらに重要な観光資源であり，今後の都市農村交流の場として重視されるべきことが示されている．第2は「虫食い的な宅

第3章　土地利用調整条例の挑戦と課題

表3-8　土地利用ゾーニングの概要

田園風景保全ゾーン	水辺環境・ワサビ田と周辺水田を阻害する大規模施設の立地をともなう土地利用を制限する
農業保全ゾーン	優良農地の保全と点在する農振白地農地の無秩序な開発をコントロールする．良好な営農環境の保全，屋敷林等の集落環境の保全，周辺景観に配慮した適正な開発へ誘導する
農業観光ゾーン	既存の農業観光施設や農地を活用し地域農業振興の拠点となり，都市農村交流を基本とした土地利用が可能なゾーン
集落居住ゾーン	良好な住環境を形成するために，計画的に住宅を集約し，良好な居住環境に適した施設に限って立地を認める
生活交流ゾーン	路線の特性に応じた商業・業務系施設の集約を図り，広域農道沿いでは農業との連携を視野に入れ，国道沿いでは生活空間である宅地との調和を図る
産業創造ゾーン	工場・倉庫・事務所等の工業系土地利用を優先し，付加価値が高く，環境共生に配慮した優良企業が立地する
公共施設ゾーン	主として公園，広場，文化施設など地域のレクリエーション，コミュニティーの核となる施設を配置する
文化保養ゾーン	森林資源を活かし，自然とのふれあいによる文化活動，保養・滞在空間，自然環境を活かしたレクリエーション施設が立地する
自然保護ゾーン	現在の良好な自然的土地利用を保全し，大規模な土地の改変をともなう開発を抑制する

地開発の抑制とデザインコントロール」である．ここではこれまでの用途指定区域外での無秩序な開発を反省して，一定の区域に適切に住宅地を集約するとともに，景観形成重点地域指定や住民協定によって，植樹や建築物の意匠等によって周囲との調和，良好な景観形成を推進するとしている．第3は「高質な田園居住型住宅の形成」である．ここでは用途地域内における都市整備を進め，安曇野の田園風景にふさわしいモデル区域を設定し，計画的・高質な田園居住型住宅を形成する仕組みを作るとしている．そして第4が「良質な地域資質の形成とネットワークの構築」である．ここでは北アルプスの山並み，里山，水田，ワサビ田，屋敷林，水辺といった安曇野を形成する貴重な地域資源，さらにはそれを支える住民の生活・文化を重視する土地利用が必要であり，そのためにはそうした諸地域資源を関連させた産業・生活ネットワークを構築するとしている．

2) 土地利用ゾーニングの設定―9種類のゾーン―

では具体的にどのような土地利用へと誘導するのか．それを示すのが表3-8の9種類のゾーンの設定である．土地利用調整基本計画では具体的なイ

メージ図が示されている．

　以上の9種類のゾーニングは一応は地図上に色塗りされて示されている．しかしこの色塗りされている各ゾーンの位置は町の基本方向を示したものであり，厳密に即地的に規制するものではない．開発申請が出されたときに，地域におけるその土地の性格を検討し，該当するゾーンを判断するとしている[2]．

3）立地可能な施設の用途の明示

　さらに表3-9にみるように，上記9種類のゾーニングごとに土地利用基準が作成されており，立地可能な建築物・施設・用途が指定されている．その特徴としては，立地可能な施設が厳密に規定されているとともに，△印が多いということが挙げられる．この△印は注に示されているように「地区説明会を行って地区及び町の同意を得ること」が条件とされる．この意味で，地区における話し合い・合意形成・判断が重要な位置を占めていることがわかる．この点について条例策定に参画した大方は「未線引き白地地域であるところに抑制的な規制をかけること……町民の間には宅地化を絶対的に禁止するような規制をかけることには強い反発があった．この点に配慮し，農業保全ゾーンにおいても建て売り住宅開発等を絶対的に禁止することはせず，地区説明会を行い地区及び町の同意を得た場合……周辺に対する充分な配慮をした開発であれば，これを容認するものとしている．単純な◯か×かではなく，こうした△扱いの開発用途が多数に及ぶところが，この計画と条例の特徴である」と説明している[3]．

4）特に土地利用の調整が必要な地域の明示

　さらに町として「特に土地利用の調整が必要な地域」が示されている．具体的には4地区が指定され，町の東西にわたって広い面積を占めている．第1は穂高区と富田区である．両地区はすでに無秩序な開発が進行しているので，今後は住宅地や商業地を計画的に集約し，景観に配慮した良好な住環境

第3章 土地利用調整条例の挑戦と課題

表3-9 条例の土地利用基準

施設の区分		ゾーン名								
大区分	小区分	田園風景保全	農業保全	農業観光	集落居住	生活交流	産業創造	公共施設	文化保養	自然保護
居住用施設	農家住宅	△	○	○	○	○	△	×	△	×
	分家住宅	△	○	○	○	○	△	×	△	×
	一般住宅(建売)	×	△	×	○	×	×	×	×	×
	一般住宅(一戸建)	×	△	×	○	○	×	×	×	×
	アパート	×	×	△	○	×	×	×	×	×
宿泊施設	別荘	×	×	×	×	×	×	×	○	×
	ペンション	×	×	△	×	×	×	×	○	×
	旅館・ホテル	×	×	△	×	×	×	×	○	△2
農業関連施設	農業用倉庫	△	○	○	○	△	○	×	×	×
	農業出荷施設	△	○	○	○	×	○	×	×	×
	農業生産加工施設	△	○	○	○	×	○	×	×	×
	畜舎	△	○	○	×	×	○	×	×	×
地方交流施設	交流活性化施設	△	○	○	×	○	×	○	×	×
	市民農園	○	○	○	○	×	×	○	×	×
公益施設	交番	△	○	○	○	○	○	○	×	×
	集会所・公民館	△	○	○	○	△	△	○	×	×
文教施設	学校	×	×	×	○	○	×	○	×	×
	博物館・美術館	×	×	○	×	×	×	○	○	×
医療福祉施設	老人福祉施設	×	×	○	○	○	×	○	○	△
	病院・診療所	×	○	○	○	○	×	○	○	△
商業施設	コンビニエンスストア	×	×	×	○	○	×	×	×	×
	総合日用品店舗	×	×	×	○	×	△	×	×	×
	喫茶店・レストラン	×	△	○	×	×	×	×	△	×
	トラックターミナル	×	×	×	×	×	○	×	×	×
	風俗営業施設	×	×	×	×	×	×	×	×	×
	事業所・事務所	×	×	△	×	×	○	×	×	×
	自動車販売店舗	×	×	×	×	×	○	×	×	×
	ガソリンスタンド	×	×	×	△	×	×	×	×	×
工場	大規模工場	×	×	×	×	△	○	×	×	×
	小規模工場	×	△	×	×	△	○	×	×	×
倉庫等	業務用倉庫	×	×	×	×	×	○	×	×	×
	駐車場	×	△	△	○	△	×	○	×	×
	資材置場	×	△	△	×	○	○	×	×	×

○:立地可能施設　×:施設の立地不可　△:自治会説明会を行って地区及び町の同意を得ること　※△2:中房温泉に限る

の形成を図るべきとされている．第2は豊里区と牧区で，農業の衰退が進み，今後無秩序な開発の進行が懸念されるため，農業の活性化と優良農地の集団的保全，耕作放棄農地の有効活用を図るべきとされている．第3は等々力区と白金区で，安曇野わさび街道の整備を契機に土地利用の混在が懸念されるため，観光施設やサービス施設等を計画的に集約し，優良農地と田園景観を保全すべきとされている．第4が景観形成住民協定地区で，国道147号線，広域農道，景観形成住民協定締結路線において，その取り組みと協調した質の高い景観保全を図るべきとされている．

(4)「穂高町まちづくり条例」の仕組み

「穂高町まちづくり条例」は6章で構成されている．以下ではその骨格をなす第2章から第5章について紹介する．

第2章「まちづくりの施策」

第2章ではまず本条例を実現するために町長が「穂高町土地利用調整基本計画」を策定することが規定されている．「土地利用調整基本計画」が条例の前提であり，中核に位置する[4]．それにつづいて，公告・縦覧・意見書の提出等の「土地利用調整基本計画」策定の手続が示されている．

さらに「土地利用調整基本計画」を実現するために，町長が次の8つの具体的な「まちづくりの施策」を実施・推進することが記されている．すなわち，①安全で快適な環境創出・環境にやさしいまちづくり，②地域性豊かな景観形成，③障害者や高齢者にやさしいまちづくり，④良質な住宅及び良好な住環境の確保，⑤防災の推進，⑥開発事業の技術基準，⑦歴史的文化的環境の保全，⑧その他まちづくりに必要な事項である．

第3章「まちづくり審議会」

「まちづくり審議会」はまちづくりに関する重要事項を調査審議することを目的に設置される．審議会は町議会議員及び学識経験者12名によって構成され，町長が任命するとしている．

第4章「まちづくり推進地区」

まちづくり推進地区とは町長もしくは住民が，土地利用調整基本計画に基づく適正な土地利用を図ろうとする場合に，町長が「まちづくり審議会」の議に基づいて指定される地域と規定されている．ただし指定するに当たっては，農振地域であれば農業委員会と農業振興地域整備促進協議会との協議や，当該地区住民・土地所有者の意見聴取，推進地区に関する公告・縦覧・公表といった規定が定められている．

この「まちづくり推進地区」では地区住民・土地所有者はまちづくりを推進する会議を組織することができ，それが地域住民等の総意を反映し，特色あるまちづくりを推進すると認められる場合，その会議を「まちづくり協議会」として町長が認定する．この「まちづくり協議会は」20歳以上の地域住民と土地所有者の2/3の同意を条件に，①協議会の名称，②まちづくりの目標・方針，③まちづくりの区域，④土地利用の方法，⑤その他まちづくりに必要な事項を記した「まちづくり提案」を策定し，町長に提出できる．

この地区からの「提案」を受けて，それが「土地利用調整基本計画」に適合していると認められるとき，「まちづくり審議会」の議に基づいて，町長は推進地区の「まちづくり基本計画」を策定できる．これによって町長は地区のまちづくりに関する事業を推進することとなる．

第5章「開発事業の手続」

必要な部分について説明しよう．まず開発事業の手続が必要となる対象が規定される．具体的には500 m²以上の土地の区画形質の変更又は現状の土地利用を著しく変更する行為，そして次のいずれかに該当する建築行為として①高さ10 m以上または3階建て以上の建築行為，②延べ床面積が200 m以上の建築行為，③その他町長がまちづくりに重大な影響があると認める建築行為があげられている．

この規定に該当する開発を行おうとする事業者は，まず「開発協議申請書」の提出が義務づけられる．町長はこれを「土地利用調整基本計画」，上述の「まちづくりの施策」，「地区まちづくり基本計画」に照らし合わせ，これに適合しないと判断した場合には事業者に対して指導・勧告し，その勧告

への対応結果の報告を求めることができるとしている．

　また「開発協議申請書」が提出されて1週間以内に事業者は標識を設置し，「事前公開」しなければならない．さらに事業者は近隣関係者や利害関係者に対して説明会を開催し，その結果を町長に報告する義務を負う．

　以上の手続を経て協議が整ってはじめて，事業者は「開発事業承認申請書」を提出することができ，「穂高町開発事業審査会」に付されることとなる．そして「審査会」の議を経て開発事業が承認されると，事業者は町長と次の項目について協定を結ぶこととなる．①開発事業の目的・建築物の用途，②開発事業の設計，③開発事業に関する公共施設の設置・管理・帰属・費用負担，④協議の過程で合意された事項である．

(5) 「土地利用調整基本計画」と「まちづくり条例」の成果

　条例が制定されてまだ3年を経ておらず，その効果の判断は今後を待つしかないが，調査の中で以下の点が指摘されている．第1は農振農用地区域からの除外申請の減少である．ピーク時には年間20件は発生していたが，かなり減少してきたという．また500㎡以上の開発は，1998年には15件・約39,000㎡だったのが，99年には9件・約15,000㎡へと減少している．また農地転用面積も若干ではあるが減少しているという．要するに全体としては開発が抑制されてきているのである．

　しかし規制の対象ではない500㎡未満の開発については，建築確認申請件数で449件から479件へと増えており，こうしたミニ開発へと業者がシフトするという問題が生じている．今後の課題である．

(6) 穂高区の地区まちづくり協議会

1) 地区の概要

　穂高区は駅前周辺の用地区域と農振地域に指定される農村地域を含む地域で，「土地利用調整基本計画」では「特に土地利用の調整が必要な地域」と指摘されている地域の1つである．

第3章　土地利用調整条例の挑戦と課題　　　　　　　　　　87

　地区面積は326.6 ha，人口は3,696人，世帯数1,212戸のかなり大規模な地域で，5つの自治会から構成されている．この5つの自治会はもともと「耕地」と呼ばれる農家組合であり，この「耕地」の下に集落があるということである．穂高区は明治合併村で，戦後は公民館の単位となってきた．自治会＝「耕地」はその公民館の分館でもある．

　区の役員は各自治会から1名選出され，その互選で区長が決まる．穂高区のまちづくりを推進したのは，当時の区長で，3期＝6年間区長を務めている，地域の「実力者」である．まちづくり協議会がつくられるには，中心となる人材の力量に負うところが大きいということであろう．

2) まちづくり協議会設立の経緯

　取り組みの契機は97年に国土庁のモデル地区としてまちづくり事業が導入されたことにある．当時，穂高区では看板が地域の景観を阻害しはじめた時期で，「看板をなんとかできないか」と景観条例の適用を検討していた．そこに「土地利用調整基本計画」ができ，国土庁の事業を利用してその勉強会を実施したのだという．その意味で，当初の課題は「穂高町らしい景観の保全」にあった．さらに，すでに農地のスプロール的な開発が目立ち始めており，「計画的に農地を残そう」という問題意識も強まりつつあった時期だったという．

3) 地区まちづくり基本計画の取り組み

　（イ）体　　制

　地区まちづくり協議会は40人で構成されている．具体的には区長，副区長，町議，農業委員，部落長，育成会代表，土地改良区代表，公民館分館長等である．要するに地域の役職を担う住民代表集団である．

　（ロ）まちづくり提案の概要と策定過程

　97年に，穂高区ではまちづくりに関するアンケート調査を実施している（その内容等は不明）．代表者によると，住民たちからは厳しい規制の方向が

出されたという．また「協議会」の議論の中でも，景観や土地利用を厳しく規制すべきという意見が多かったという．

　こうして，まちづくり提案は①まちづくりのコンセプト，②そのための具体的な課題，③それに対応する基準の考え方，④建築物の建築基準，⑤屋外広告物の規格によって構成されている．

　具体的な土地利用規制の項目についてみるならば，基本的には「土地利用調整基本計画」に準じる規制内容であるが，①用途地域内の第1種低層住居専用地域，②農業保全ゾーン，集落居住ゾーン，生活交流ゾーンの建築物の建ぺい率が町の基準より 10% 厳しく，40% 以下に規制されている．また用途地域内の宅地の最低敷地規模も町の 200 m² よりも厳しく 240 m² に規制されている．

　まちづくり提案は住民代表からなる「協議会」で話し合われ，決定されるが，その過程をみると，当初の「たたき台」は行政によって作成されたという．つまり，経験のない一般の住民が最初から「提案」を作成することは事実上困難であり，行政の事務局機能は避けられないということである．

　ともあれ「協議会」が「まちづくり提案」（案）を作成し，それを全世帯に説明し，同意を取っている．具体的には 10 戸前後の世帯からなる隣組単位に，組長と区長もしくは副区長がセットとなって世帯回りをしている．こうした時間と労力をかけた結果，最終的には 84% の同意が得られている．16% の人は，反対というのではなく態度保留ということで，そもそも「まちづくり条例」を理解していない人，無関心な人たち（必ずしも定住していないアパートの住人等）だという．

　このように町の土地利用調整基本計画を基礎に自治体職員の協力を得て，リーダーたちの努力によって地区まちづくり基本計画はできた．

　(ハ) 規制の仕組み

　条例の「開発事業の手続」でみたように，事業者はまず町に「開発事業協議申請書」を提出する．申請書が出された開発事業は町長から区長へ通知され，「地区まちづくり提案」「地区まちづくり計画」に抵触しないかどうかが

検討される．もし問題があれば町長を介して指導・勧告が出される．その後開発行為の近隣関係者及び利害関係者への説明会が開かれ，協議・合意がなされる．このように，地区としての開発事業のコントロールと，近隣関係者との協議・合意という二本柱で開発事業は規制されることとなっている．

(7) 今後の課題
1) まちづくり基本計画の策定に向けての課題
現在（2003年度末），穂高区では「まちづくり提案」をふまえた「まちづくり基本計画」づくりが取り組まれている．問題は「まちづくり基本計画」の策定主体が町であるということである．これは仮に裁判となった場合に責任の所在を町に置くための措置である．しかし「町が作ったから基本計画は住民とは関係ない」という意識を持たれることは避けなければならない．町は今後住民説明会に入るが，ポイントは「地域自ら作ったまちづくり提案を町が基本計画に整理したものであり，自分たちのものである」ことを強調し，理解してもらうことだという．同意がえられるかどうかは，この点にかかっている．

2) 地区まちづくり協議会維持の課題
このような地域の運動という側面が避けられない取り組みでは，組織の維持，特にリーダーの確保・育成が必須の要件となる．穂高区では協議会づくりに当初から参画した前会長と現会長は強いリーダーシップを発揮してきたが，問題は次の世代のリーダーの確保だという．

3) 農地保全の課題
条例と地区まちづくり基本計画によって優良農地が保全されることとなる．しかし問題はその農地の担い手である．特に現在の担い手である高齢世帯主層がリタイヤした後の担い手作りが農地保全の最大の課題である．これがうまくいかなければ，条例そのものの意味が問われることとなる．その意味で，

「開発事業者の協力から農地所有者の協力へ」がまちづくり条例の課題ともいえる．

3. 土地利用調整条例の到達点と課題：神戸市と穂高町

表 3-10 は神戸市と穂高町の条例の構造を整理したものである．両条例ともに首長によるゾーニングの導入と立地基準を明確にするという共通点を持つが，そのあり方はかなり異なっている．

(1) 土地利用調整条例の相違点

2 つの条例ともにゾーニング（用途区域）と立地基準をセットにして土地利用規制を行っているという点で共通している．また，土地利用をコントロールするのに，土地利用計画を示し，そこに住民参加を位置づけるという点でも共通している．しかし，重要な点で，異なる特徴をもっている．以下では3点について，相違点を整理する．

表 3-10 2つの条例の構造

神戸市「人と自然の共生ゾーンの指定等に関する条例」	穂高町「まちづくり条例」
●市長による開発規制的な農村用途地域の当初指定と立地基準の設定 ●市長による農村景観保全形成地域の指定と景観保全形成基準の設定 ↓ 開発業者への届出義務 ↓ 里づくり計画・協定 ↓ 農村用途地域の緩和	●町長による「土地利用調整基本計画」の策定 ●土地利用のゾーニングと立地基準の設定 ↓ まちづくり推進地区の指定と「まちづくり提案」づくり ↓ 地区まちづくり基本計画 （上乗せ規制） ↓ 開発事業の手続規制

1）市街化調整区域か，未線引き都市計画区域か

2つの自治体における土地利用調整条例の相違点を規定しているのは，市街化調整区域か未線引き都市計画区域かという，都市計画制度上の位置づけの違いである．市街化調整区域の場合には法律によって一定の開発規制が効いているが，都市計画白地地域の場合には開発許可がほとんど必要ないからである．こうして神戸市では市街化調整区域であることを活かして強力な農地転用規制を行ってきた．しかし穂高町の場合には開発推進行政を背景に，無秩序で虫食い的な農地転用が横行してきた．まず，土地利用調整条例の前提条件がまったく異なっている．

2）個々の土地利用に注目した即地的立地規制か，土地利用イメージゾーニングか

神戸市の場合には，①市長によって最も規制的な2つの限定された農村用途区域が，②即地的に当初指定され，③（多くの場合）集落を単位とする住民参加の「里づくり計画・協定」によって，農村用途区域の変更が許容され，規制緩和される．

これに対して穂高町の場合には①ゾーニングは土地利用のイメージを示すものであり，個々の土地利用に限定した用途区域とは異なり，②即地的なゾーニング指定は行わず，個々の開発ごとに該当するゾーニングを判断し，業者と町との開発協議を義務づけるとともに，③地区レベルでは住民参加で，事実上上乗せ規制となる独自の開発基準を設定し，これを町長が「地区まちづくり計画」に仕上げ，業者に開発協議を義務づけるとしている．

3）地区レベルの計画は規制緩和か，規制強化か

上述のように，神戸市の場合には「里づくり計画」「里づくり協定」を通じて農村用途区域の変更が可能であり，市長が当初指定した厳しい農村用途地域への規制緩和として機能している．

これに対して穂高町の場合には，即地的な用途地域指定がなされていないため，ゾーニング（用途区域）の変更はありえない．あるとすれば，環境変

化にともなう，適用するゾーニングの選択の変更である．穂高町では，そもそも農村用途区域は行政が開発許可をする場合の指針であり，開発する事業者に対してゾーニングの土地利用イメージ（開発が許容される場合のモデル像）を示すものである．また地区における住民参加で作成した「まちづくり基本計画」については，行政による町全体に共通する開発許可基準を，地区独自のまちづくりの観点から，上乗せ的に規制強化するものとなっている．規制強化である．

(2) 条例による土地利用コントロールの仕組み

このように神戸市と穂高町の土地利用コントロールの仕組みは，その制度指定の状況と自治体の開発政策によって異なっている．

神戸市の場合には，農村地域の多くが市街化調整区域に指定されていることを利用して，農地転用規制を厳密に運用するとともに，市が住宅開発＝住宅供給に介入することで調整区域の民間開発による個別分散的な開発を抑制してきた．あたかも「開発不自由原則の徹底」とも表現できる独自の農村地域の開発規制を活かし，集落を基盤とした住民参加の「里づくり計画」で農村活性化と土地利用計画を連動・一体化させ，「里づくり」の合意の下に規制緩和（農村用途区域の緩和による開発の容認）する仕組みを形成している．つまり①国の個別土地利用規制を前提に，②自治体が主体的に「一般的開発規制」状況をつくりだし，③住民参加と地域活性化を条件に緩和する仕組みである．

穂高町の場合には，都市計画白地地域を抱え，しかも開発推進的政策の下で地域全体に「開発自由」が蔓延していた．まちづくり，特に景観や住環境整備，インフラ整備の観点から，行政のみならず地域住民にとっても土地利用調整の必要が生じたのである．そこで①町が地域全体に通じる最低の規制水準を明示するとともにゾーニングイメージに適合するように開発業者との協議を義務づけている．②区（複数の集落からなる比較的大規模な単位）の「まちづくり基本計画」は町の最低基準をこえる規制強化の基準であり，そ

のため合意形成は容易ではない．

　このように，土地利用調整条例が有効に機能するには，土地利用に関して自治体全域にわたる強い規制が必要であり，同時にそれを実現する自治体の力が必要である．さらに一般化していえば，農地制度の転用規制だけではなく，最低でも，都市計画制度の市街化調整区域レベルの規制が，すべての農村地域で必要であることを，2つの事例は物語っている．

(3) 主体形成

　では，地域（集落）は条例の利用を単に「土地利用の規制緩和＝開発利益の取得」というように，土地の商品化をその目的と考えているのかというと，そうではない．神戸市の事例が示しているのは，定住の促進や地域農業・農地の保全・活用といった地域の活性化が条例にもとづく里づくりの目的であり，まさに「里づくり」が正面に据えられている．神戸市では条例が契機となってほとんどの集落で「里づくり協議会」が設立されているが，「危機感＝主体形成の出発点」とすれば，「地域をどうするのか」という危機感の地域（集落）における共有は，さらにすすんで実践へとつながるものと期待できる．

　これに対して穂高町ではすでに開発（農地転用）の自由度が高かったために，開発利益を得てきた農家の危機感は弱く，農業や農地の保全が「地域づくり」の契機となっていない．住民参加の契機は景観・環境保全であり，開発規制後の農地の保全と利用が大きな課題となっている．農業を含めた地域づくりへの主体形成が課題なのである．

(4) 自治体職員の役割

　制定された条例をいかに活かし地域づくりに結びつけるか，という責務は，自治体職員の重要な課題である．両自治体では職員が地域と密接に結びつき，地域から問題を把握し，条例化し，それを地域づくりに活用するという取り組みに積極的に取り組んでいる．このように地域づくりのプロモーターとし

ての自治体職員の役割は大きい．自治体職員の主体形成もまた，強調されるべきであろう．

注
1) 原田純孝氏は神戸市の条例について次のように評価している．「神戸市の条例は，条例として新しい特別の規制を作ってはいないし，それはできることでもない……新しい許可手続を作ったわけでもない．都市計画法による市街化調整区域の開発許可あるいは農振法の開発許可などに現にある規制を運用するための前掲的な枠組みをつくる手続を定めたものである．……特色は，まず最初に市長が農業用の用途区域というものを一方的に広く指示できることである．その区域指定で新しく特別に許可制度がかかわるわけではない．……基本的な既存の国の立法による個別規制をどういうふうにどこでどう使うかという枠組みを市民の合意に基づいて作り，そしてその延長線上で市独自の農村用途区域を山林や環境保護区を含めて残していく……それらが事実上の規制になる……．新しい上乗せ規制を付けると……訴訟が起こされる……その問題を巧みに回避している」「神戸市の条件には適用除外も規制緩和もなく，厳然たる規制強化であり，その規則強化の仕組みとして条例をつかっているというものだ．（農水省がいう条例は）現実に……まとまった住宅用地の開発をしたい，そのために穴抜き的な合意による開発地域が可能となるようなことをしよう……結局は既存の農地制度の穴抜け……適用除外（＝規制緩和）……非常に似たようでいて……全く違ってしまう」((財)農政調査会『農地の権利移動・転用規制の合理的な調整方策等に関する調査研究結果報告書』2005年3月，149-150ページ）．つまり個別規制の上に住民合意で土地利用の一般的規制を行い，その前提の上に地域が認める緩和を行うのであり，農水省が実施しようとしている開発容認的な穴抜き緩和とは全く異なるというのである．
2) 大方は「全体計画とは町全体の概略的土地利用ゾーン区分を示し，各用途ごとに，許容用途，協議合意を経て許容される用途，許容されない用途，を列挙した土地利用調整計画である．……町と業者の間で行われる開発協議において，町の側の一貫した協議の基準のひとつと位置づけられている．都市計画法の用途区域のように……厳密なゾーンの位置を地図上に示す，いわゆるゾーニングの形式によらず，あくまでも協議の際の参考基準としての土地利用計画である．……本質的に独自の規制を行う条例ではなく，あくまでも開発協議を通じてまちづくりへの協力をお願いする条例であり，しかも住民協議の過程を通じて合意が形成されれば土地利用に対して柔軟に対応しようという条例でもあることから，規制と直結したゾーニングの形式はとらない……「土地利用計画」ではなく……あえて「土地利用調整計画」という名称とした」としている（大方潤一郎「総合土地利用調整条例と計画策定の過程―長野県穂高町の事例から」，小林重敬編著『地方

第3章 土地利用調整条例の挑戦と課題

分権時代のまちづくり条例』学芸出版,1999年,144ページ).
3) 大方,同上,143ページ.
4) 大方は「大きな特徴は,独自の土地利用調整計画を条例中に位置づけ,この計画の中で,土地利用ゾーンごとの許容用途を示していること,またこの土地利用ゾーンと連動する形で開発事業の基準(従来の指導要綱にあたる)が設定されていることである.その意味で,協議を通じて土地利用の構想を実現する条例ということができよう」という(同上論文,同上書,145ページ).

第4章　農政の展開と自治体農政の課題

はじめに：国の地域農政と自治体農政

　2007（平成19）年度にも実施されようとしている品目横断的直接支払い政策に代表されるように，国は政策の対象となる担い手を絞り込んだ農政を展開しようとしている．周知のように，これを受けて全国の自治体は農地流動化や集落営農など，その政策対象となりうる経営体育成に懸命な努力をしている．しかし農水省から一方的に政策対象として限定される経営体を，短期間につくりあげることは決して容易なことではない．また国のいう「担い手」に限定することで，地域の農地や農村が維持できるわけでもない．国農政に対応する担い手育成をにらみながら，同時に地域に適合的な（農地や農村を保全できる）幅広い担い手育成を図るための自治体や生産者レベルの主体的努力が求められているのである．

　もちろん国農政も高齢者や女性といった多様な担い手を全面的に否定するわけではなく，多様な担い手として位置づける．しかし，①副次的な位置づけの感が否めない上に，②直接支払いの対象とはなりえないがために生産意欲の減退につながったり，地域内に混乱をもたらす可能性が指摘されている[1]．

　他方，地域の現実に目を向けると，①兼業化が深化する中で後継者層の離農が急速に進み，専業的に地域農業を担う土地利用型大規模経営の育成が深刻な課題となっている地域サイドの事情もある．この点ではまさに国の「担

い手」育成と一致する．②また集落営農といえども経営としての内実を強化する必要があり，その手段として法人化が有効性を発揮することもある．

　こうして「担い手」をめぐる国農政と地域・自治体農政との関連は，実態として共通する部分もあれば，対立する部分もある．両者の関係を整理する必要がある．

　この点に関連して小田切氏の興味深い論考がある[2]．氏は70年代後半から80年代前半に展開した国農政を「地域農政期」とし，具体的には77年からの地域農政特別対策事業，78年からの水田利用再編対策，新農構事業，80年の利用増進法における「農用地利用改善団体」に注目する．そして「集落をはじめとする「地域」（地縁的組織）を，農政展開の基盤や対象として位置づけた点で共通している」と特徴づける．国農政が地域主体重視の農政へと転換したというのである．

　さらに「地域農政」を形成した諸潮流として，①地域農政特別対策事業にみられる農政の地方委譲論，②利用増進法にみられる農地の自主管理，③高橋正郎氏を中心とする自治体農政論を取り上げ，以下の3つの「内実」を指摘する．その第1が「地域別農政」で，国家による画一的農政の批判，地域農業の固有な領域に対する政策の必要性の重視である．第2は「地方委譲農政」で，地域段階のボトムアップ的なエネルギーの存在に依拠するものである．そして第3が「集落自治農政」で，場としての集落の自治と組織化を強調する．

　では氏は国の地域農政をどのように評価しているのか．氏自身はこれを積極的に評価する．氏は坂本・田代・仙北の各氏による国の地域農政に対する批判を意識しながらも，大隈・宇佐美両氏の評価を援用して，「「日本農業の現実を踏まえた」手法として，それ自体の先進性を評価すべき（であり）……地域農政期とは農政としての自立した論理が，手法に限定された形ではあるが，強く発現した農政期として位置づけられる」という．国自らが3つの「内実」に即して政策展開をしたということである．

　しかし小田切氏は今日の新基本法下によって，こうした地域農政の「内

第4章 農政の展開と自治体農政の課題

実」が否定される方向に転換したとする．その「大きな転換点」が86年農政審報告「21世紀に向けての農政の基本方向」であり，構造政策の強化と政策価格の引き下げを求める前川レポート（国際化農政）に農政が強く規定されてしまったと指摘する．「農業白書で……集落や地域という表現が出てきても，そこに地域委譲農政，集落自治農政の要素はほとんど見られなくなり……地域農業の「組織化」という，地域を媒介とした，地域の自主的な構造改善ではなく，市場原理より構造改善のスピード化を図ろうとする」方向への変化だったというのである．

この政策転換に対して，氏は「全国一律の基準による農政（非「地域別農政」），地域自身のエネルギーを信頼することのない農政（非「地域委譲農政」），そして集落等の農村小地域を基盤として考慮することのない農政（非「集落自治農政」）は，少なくとも日本の水田農業においては，グローバリゼーションの時代でも，また「スピード感ある改革」の時代でも，排除されるべきものであることは間違いない」と主張する．

こうして①そもそも国の地域農政が地域主体重視の農政への転換という自立した論理を形成しえたのか，それとも田代氏等が主張するように国農政の実行手段にすぎなかったのか，という「地域農政期」の評価をめぐる議論は残るものの，②WTOの枠組みに規定された現段階の国の農政が，地域農業の現実を踏まえることなく一方的に進められているという点では，認識は一致している．

ところで①の議論について筆者は，国家による地域農政と地域による地域農政・自治体農政とはもともと異なるものと考えている．国農政は国家政策への適合性という観点から政策立案され，国家の農業構造政策として強烈に自治体・地域を指導する．それは，自治体や地域の協力なしには農業構造は動かないからである．これに対して自治体は，顔の見える個々の農家や住民，そして地域社会に直接責任をもつ政策主体として存在している．また地方分権が進められる今日，国の画一的農政とは異なる，地域の現実に即した個性的な地域政策づくりの政策主体として自立することが求められている．

こうした国と地域・自治体の二重の関係の下では，国農政が地域の実情をふまえた政策を実施すれば，あたかも国の地域農政が地域農業問題を解決しているかのように見える．例えば，高度成長期には国農政が多くの部分で地域農業の発展を規定してきた．コメを中心にした増産と価格支持・補助金の機能が全国共通に働いていたためである．それゆえ国農政と地域農政・自治体農政とは大きな矛盾を生ぜずにすんできたし，自治体農政の存在も（自治体が様々な努力をしていたとしても）あまり注目されずに来ることとなった．しかし，現段階の国農政はWTOに適合的な農政へと転換し，それゆえ地域農業を支える自治体農政との間で矛盾を深めることとなり，両者の異なる性格が明瞭になってくる．図示すれば以下の通りである．

```
現段階の国家における農業構造政策
    WTO合意の枠内
    国際競争・グローバル化に耐えうる担い手
    効率的で安定的な経営体
```

⇕

```
地域における農業構造政策
    地域の実態と合意形成に導かれた担い手育成
    地域産業・農地保全・農村地域資源の保全の担い手
    地産地消・食の安全を実現
```

しかも現段階の国農政は，小田切氏自身も指摘するように，地域の運動を通じて実行しようとする性格を強めている[3]．後述のように筆者も地域運動依存農政として国農政を特徴づけている．これに対して地域農政・自治体農政は，地域の自立（自律）という観点から，それぞれの地域が置かれている条件に適合した地域農業構造政策を実施することが求められるようになる．

たしかに，上述のように担い手育成という点では両者の政策に重なる部分

は少なからずある．しかし重要な点は，その政策目的が異なる点である．したがって，今地域に求められているのは国農政を相対化し，地域の視点から政策を展開することができる，地域・自治体の政策主体としての自主性の発揮にある．地域農政・自治体農政は主体的な実践・運動の政策体系といってよいだろう．

以下の各章の課題は，このように，国と地域の農政をそれぞれ独自のものとしてとらえ，両者の相違を前提に，地域農業政策・自治体農政のあり方，国農政との対抗関係を検討しようという点にある．

1. 現代農政の展開

(1) 新政策から新基本法へ
1) 新政策の登場

近年におけるわが国農政の展開過程をふり返ると，92年の「新政策」を振り出しに，93年末のガット・ウルグアイラウンド合意，94年の農政審報告「新たな国際環境に対応した農政の展開方向」，95年「農業基本法に関する研究会」の開催，97年「食料・農業・農村基本問題調査会」における検討の開始，98年同調査会答申，「農政改革大綱」の発表，99年「食料・農業・農村基本法」(新基本法)の制定，2000年の「食料・農業・農村基本計画」の策定，02年の「食と農の再生プラン」「米政策改革大綱」，そして05年の新「食料・農業・農村基本計画」と続いている．まさに農政の大転換期といえよう．

その嚆矢となった「新政策」研究会の問題認識を整理すると以下の通りである．①わが国が世界最大の農産物輸入国であるが，今後予想される国際食糧需給の逼迫の下，新たな食料政策を確立する必要がある．②しかしわが国では農業就業人口が減少の一途をたどっており，特に青壮年層の流出が耕作放棄をもたらし，食料供給力の低下に結びついている．③国内の農業保護を継続してもこのままでは明るい展望はない．④問題を解決するには農業経営

に意欲と能力のある者を確保することが重要であり，農業を職業として選択しうる魅力とやりがいのあるものにする」[4]．つまり担い手問題がわが国食料・農業問題の根本原因であるという認識である．

ではなぜ青壮年層が農業から流出したのか．研究会はそれを農業経営問題に求める．つまり⑤マクロとしての農業構造視点よりもミクロとしての農業経営の育成強化に焦点を当てるという方法で検討し，しかも「特に農地法，食糧管理法，農協法，土地改良法などの現行政策体系の骨格を成す制度を……白紙の上に……制度を作るとしたら，いかなる制度とすべきかという発想および考え方」[5]に立って検討したのだという．つまりあるべき農業経営を軸に据え，それが可能となる制度設計をやりなおそうというのである．研究会は「新政策」の発表がガット合意の途中ということもあってガットと抵触する部分は検討対象から除外したとしているが，ガット交渉結果を見越していたからこそ新たな制度設計を模索したというのが実際であろう．

ではあるべき農業経営像とは何か．「新政策」のいう「効率的・安定的経営体」のキーワードは①他産業並みの年間労働時間，②他産業並みの生涯所得，③自主性・創意工夫・自己責任，④経営感覚にすぐれた経営管理，⑤そのための生産・流通段階における市場原理・競争原理の導入である．また経営感覚にすぐれた経営体育成のために「法人化」が推奨され，株式会社の農地取得も今後の検討課題として取り上げられる．

特に焦点が当てられている「深刻な状況となっている稲作を中心とする土地利用型農業」についていえば，10〜20 ha の規模を持ち，生産から販売・流通まで取り込んだ企業家精神に富んだ経営体を育成すべきだという．そのためには今後10年間に175万 ha の農地流動化が必要としている．ちなみに，97年末現在の認定農業者への農地賃貸借と作業受託を合わせた集積面積は50万 ha にすぎず，それゆえ後述のような強力な農地流動化政策が展開することとなる．

「新政策」の大きな論点のもうひとつが中山間地域対策であるが，畜産・野菜・果樹・養蚕など立地条件を生かした労働集約型，高付加価値型，複合

型農業や有機農業，林産物加工，観光振興が政策として挙げられているが，あくまで「効率的で安定的な経営体」の育成が中心にあることが強調されている．

こうして「新政策」は「経営体」の育成を最大の目標に掲げ，そのための国内制度の再編に乗り出した．そして翌年のガット・ウルグアイラウンド合意を経て，いよいよその制度再編が本格化する．94年の農政審報告はそれを鮮明に指し示した．すなわち①食管制度の廃止と農産物価格形成における市場原理の活用，②農業経営政策の拡充，③農業基本法の見直しである．こうして論点は農業基本法の見直しに大きく動き出した．

その新基本法は98年の基本問題調査会答申を経て「食料・農業・農村基本法」という形で99年7月に成立した．新基本法の策定について高木事務次官は，WTO農業交渉が再開される前に「URからの重しをどのようにはねのけるのか」「農政審議会で国際化に対応した農政の方向を出したのもそれですし」「今の特例措置の重荷も……次のWTOを考えればもう待ったなしで」あり，食料・農業・農村基本法を議論することは「WTOの次期交渉へのベースを議論していただくことにほかならない」とのべている[6]．要するに米の関税化などUR農業合意を受け入れることで重荷（国際的「ハンデ」）を下ろして次期WTO交渉に望む，そのための構造調整を目指した基本法の見直しだった．

2) 新基本法の特徴―基本問題調査会答申―

新政策と新基本法をつなぐ役割を果たしたのが「基本問題調査会」であった．その「基本問題調査会答申」の第1の柱は食料安全保障である．議論の中で食料自給率が論争点になり，国内農業生産を基本に位置づけ，条件付きで食料自給率の意義を認めたものの，基本は不足時に対応する「食料供給力の維持」であり，「輸入・備蓄と国内生産の組み合わせ」であり「消費者や食品産業の納得の得られる合理的価格」での供給が強調される．

第2の柱は構造政策で，そのポイントの第1は経営感覚のすぐれた意欲あ

る経営体の育成にあり，そのための農地の利用集積と法人化が推進される．特に議論となった法人化については条件付きとはいえ株式会社の土地利用型農業への参入を認知した．もちろん多様な担い手として女性や高齢者や集落営農等が位置づけられるが，中心となる「経営体」の付属・補完の感は拭えない．

構造政策のポイントの第2は市場原理の活用と経営安定対策である．市場原理の活用では特に米政策が取り上げられ，①生産性の高い水田営農の定着，②そのためには需給状況（米の市場価格）を踏まえた農業者の経営選択としての転作の前向きの取り組み，③農業者・農業団体の責任での転作実施（行政はそれを支援する形）が主張される．その市場原理の結果としての農産物価格低落への経営安定対策が所得補償対策となる．

第3の柱は農村政策，特に中山間地域への直接支払いである．答申では国土・環境保全機能等の多面的機能の低減を防止するためには適切な農業生産活動が必要であり，その適切な農業生産活動に対して直接支払いがなされるとし，国民の理解を得るには対象地域，対象者，対象行為，財源等の運用の明確化が必要であるとしている．その一層の具体化は98年「農政改革大綱」等で進められた（この直接支払い政策は，さらに構造政策とリンクされ，品目横断的直接支払い政策として2007年から麦・大豆・でんぷんイモを対象に導入されようとしている）．

こうして①UR合意＝WTO体制を大枠とし，それに適合するための市場原理の活用・一般化，②その市場原理に適合する経営体の育成，構造政策の強化，③そこから生じる不安定要素をカバーする経営安定対策と直接所得支払い，これが現代農政の基本的な枠組みである[7]．

(2) 食料・農業・農村基本法下の基本計画―地域運動依存の政策―

こうして，「食料安全保障」と「農業構造改革」と「農村政策」を柱として1999年に食料・農業・農村基本法（以下，新基本法）が成立した．その政策を具体化すべく「食料・農業・農村基本計画」が規定され，周知のよう

に，最初の基本計画が2000年に策定された．しかし食料自給率向上という最重要の課題が実現されることなく，早くも見直しがなされた．ここでは新たに策定された2005年「新基本計画」の検討を通して，新基本法にもとづく農業政策の特徴を整理したい．

1) 中間論点整理―担い手対策に焦点―

この基本計画そのものは10年計画であるが，5年ごとに見直しをするという規定が設けられており，その中間的な検討が，わずか5年をして新基本計画策定の契機となった．そこでまず，2005年8月に出された食料・農業・農村基本政策審議会企画部会「中間論点整理」からみておこう．

「中間論点整理」の「第1政策展開の基本的な考え方」では，「国際規律の強化や中長期的な貿易自由化の流れにも対応し得るよう，構造改革を通じて農業の競争力の強化を図るとともに，国境措置に過度に依存しない政策体系を構築することが求められている」とし，「食に対するニーズの多様化と高度化」に「国内の農業生産は必ずしも十分に対応できておらず，将来，食品産業の輸入農産物への依存度が更に高まり，国産農産物の市場の縮小につながることも懸念される」ので，「効率的・安定的な農業経営の育成・確保を図り……農業生産の相当部分を担う望ましい農業構造を確立することが急務」だとしている．しかし，国家財政の逼迫を背景に「政策の実施は……国民負担によって支えられて（いるので）……国民負担を合理的にしていく（ためにも）……施策の選択と集中的実施（や）……政策評価制度の積極的活用」が重要と指摘する．したがって「農業者や地域の自立を促す観点から，その主体的な取組を重点的に支援する政策手法」の構築や，農業者に対して「消費者ニーズに応える供給に向けて意識改革を促していく必要がある」としている．要するに，農政改革の最大の課題は①国際競争に勝ち残る農業構造の構築であり，②それを実現するための農業者や地域の自立が必要だ，というのである．そして，③食料自給率の向上には，食品産業の需要に適した安価で高品質な農産物の供給が不可欠だという．

こうして「中間論点整理」における中心的課題は農業構造政策となる．事実，「中間論点整理」のほとんどの部分が担い手対策，品目横断的政策による経営安定対策，農地制度改革に当てられている．
　「第2 政策改革の方向」の「担い手政策のあり方」では，まず「望ましい農業構造の実現に効果的に結びつける観点から，これまでの価格政策等のように幅広い農業者を一様にカバーするのではなく，対象を明確に絞った上で集中的・重点的に実施すべき」として，所得政策が担い手育成対策として位置づけられる．また担い手育成対策は「産業政策であり……地域振興政策とは明確に区分されるもの」であることが強調される．地域政策と担い手政策の切り離しである．また，特に土地利用型農業の構造改革が遅れているとして，「地域における担い手とそれ以外の者の役割分担と合意形成」が必要として，「それ以外の者」からの農地流動化（自主的な選別）を地域自らがすすめるべきとする．しかもその「担い手の概念」を地域が勝手に決めてはいけないとして，「担い手概念との乖離が生じないように」すべきとする．いうまでもなく「担い手概念」とは国の担い手概念である．しかし「担い手」となるべき「主業農家が存在しない水田集落の割合が全国で5 割に上る」現実も指摘され，集落営農が「将来，効率的かつ安定的な農業経営に発展していくことが見込まれれば」という条件付きで「担い手」として位置づけられる．
　その政策対象として絞られた「担い手」への政策として「経営安定対策（品目横断的政策等）」が提起される．経営安定対策のポイントは2 つある．ひとつは上記の担い手育成であり，もうひとつはWTO の「緑の政策」に該当することである．両者の関係については「欧米諸国……のように過去の生産実績に基づく支払いの仕組みとする場合，生産を抑制し，また，現状の農業構造を固定化する方向に働く可能性がある（ので）……需要に応じた国内生産の確保や構造改革の加速化につながる「日本型直接支払」ともいうべき工夫を行う」べきとしている．こうして，①施策対象経営の限定，②諸外国との生産条件格差に応じた支払単価の設定，③品目ごとの当該年の生産量

や品質にもとづく支払いの導入を検討するとしている．

　農地制度改革では①優良農地の確保，②担い手への利用集積，③農地の有効利用が課題として示される．①については農地法と農用地区域ゾーニングによって優良農地の面的確保と個別分散的開発の防止，制度運用の透明性確保の必要性が提起される．同時に地方からの「地域経済を活性化するためには農地転用に係る規制を緩和すべき」という意見を意識して，転用許可に係る国と地方の関係の在り方も検討すべきとしている．上記の「優良農地の面的確保」という表現（それ以外の転用容認ということであろう）も，この点への配慮であろう．そして③の課題を解決するには②の担い手集積が重要であり，さらに新規参入のための要件緩和・農業生産法人の事業要件の緩和・「リース特区」の全国展開といった，規制緩和が必要だとしている．

2）新基本計画―食料政策を全面に出した地域運動論―

　新基本計画では「中間論点整理」とはうってかわって，食料自給率向上対策にその多くを割いている．国民の最大の関心事項である食の安全と安心に関わるからであり，事実食料自給率は向上することなく推移しているからである．また構造政策に関しては，すでに「中間論点整理」で基本方向を提示しえたからでもあろう．新基本計画の冒頭では「基本的な方針」が述べられるが，内容は上述の「中間論点整理」の「基本的な方針」と同様である．

　この新基本計画の特徴は，前基本計画に基づく取り組みの検証と要因の解明，重点的取り組みの提起にあるとされる[8]．以下，簡単にみてみよう．

　(イ)問題認識―食料自給率問題―

　ではなぜ食料自給率が向上しなかったのか．「食料消費面の検証」では，この間に進んだ現実が①コメ消費の大幅な減少，②脂質消費の増加，③栄養バランスの悪化であったとし，これが自給率向上を阻害したと指摘する．その要因として①国民の食生活見直しが進まなかったこと，②性別・世代別のライフスタイルの変化をふまえた消費拡大対策ではなかったこと，輸入農産物よりも生産・流通が見えやすい国産農産物の有利性が活かされなかったこ

とをあげている．

他方「農業生産面の検証」では，この間，①小麦・大豆以外の生産量が減少傾向にあり，②特に飼料作物が目標を大きく下回っており，③小麦・大豆でも生産性や品質の向上が進まず財政負担問題が生じたことを指摘する．その要因として，①消費者や実需者のニーズが生産者に伝わっていないこと，②特に加工・業務用需要に国産品使用メリットを説得できず，③農地利用の担い手育成が進んでいないことが指摘されている．

(ロ) 重点的に取り組むべき事項

こうした検証をふまえて「食料自給率向上に向けて重点的に取り組むべき事項」が掲げられる．食料消費面では①「食育」と「地産地消」，②「日本型食生活」の促進と国産農産物消費拡大，③国産農産物の情報提供に取り組むべきことがあげられる．そして農業生産面では①市場の動向に敏感な経営感覚に優れた担い手の育成，②食品産業との連携強化，③担い手への農地利用集積による農地の有効利用といった取り組みがあげられる．さらに関係者の役割として，地方公共団体・農業者・農業団体・食品産業事業者・消費者（団体）ごとに，取り組み課題が提起される．そこでのキーワードは①需要に応じた農業生産，②農地の有効利用，③産地販売戦略，④担い手への農地利用集積の集落ビジョンづくり，⑤栄養バランスの改善である．

こうして2015（平成27）年の自給率目標として45％が掲げられるが，それと同時に作物別に生産努力目標が掲げられ，それぞれに「生産者その他の関係者が積極的に取り組むべき課題」が指摘される．ここでも「消費者ニーズへの対応」「消費者，外食・中食産業等が求める品質・ロット」「コスト削減」という生産者の課題が繰り返し叫ばれる．

このように食料自給率目標の実現のための地方公共団体・農業者・農業団体・食品産業事業者・消費者（団体）の課題が示されているのであるが，問題は国が果たすべき役割・施策がどの程度明確に示されているか，である．この具体的な政策について述べているのが，新基本計画の「3 食料・農業・農村に関する総合的かつ計画的に講ずべき施策」の部分で，それを整理した

のが章末資料4-1である．

(ハ) 講ずべき施策の内容

　まず「食料の安定供給の確保に関する施策」についてみよう．ここでは大きく①食品の安全性，②食の改善と地産地消の推進，③食品産業の強化，④輸入安定から構成されている．安全性の制度づくりを除けば，もっぱら消費者教育や消費運動に力点が置かれ，食料自給率向上に不可欠な国内農産物の生産振興には触れていない．生産で触れているのは食品産業だけである．要するに自給率向上対策としては消費者の国内農産物選択の教育とそのための情報提供がメインである．

　かつてのコメ過剰をもたらした原因は生産と需要とのミスマッチであり，それをもたらしたのが価格政策だという「反省」と，そしてWTO協定の枠組みから，価格支持による増産政策への忌避的なスタンスが明らかである．したがって自給率向上には大幅に国内生産が不足している品目への生産刺激策については触れられない．生産増と消費増とを結びつける政策主体としての責任が示されるべきであろうが，強調されているのは消費者と生産者の努力＝運動である．生産者については，コスト削減と消費者ニーズへの対応ができる経営感覚の優れた経営体ということになる．

　では，どのようにして担い手を育成するのか．同じく資料4-1に整理した「農業の持続的な発展に関する施策」をみてみよう．その多くは地域・自治体における取り組みの推奨とそれへの支援である．つまり農水省が所得政策を「担い手」に絞り，その担い手を地域・自治体につくるよう実践させるという仕組みである．地域レベルにおける高齢農家や兼業農家の農地貸し付け促進運動，「担い手」への農地利用集積運動，「担い手」の法人化運動，都市農村交流運動の推奨である．

　そして国が「担い手」づくりに積極的に関与するのは，「農地版定期借地権」「株式会社参入のためのリース方式の全国展開」「農地権利取得の下限面積要件の緩和」「農振計画への地域住民参加」「農地転用許可基準の透明性」で，要するに地域が「担い手」を育成できない場合における，株式会社等の

新たな参入対策であり，その受け入れ条件ともなる農地利用の規範化である．

またその「担い手」に対しては規模拡大・経営多角化・複合化・有機農業・高付加価値化・外食産業への適応等が勧められ，その推進が政策課題として掲げられている．政策そのものよりも，対象として限定された経営体の収益増大の経営アドバイスの列記である．

(二) 食料自給率向上の論理—農業構造「改革」に依存した自給率向上—

こうして食料政策＝自給率向上という課題は消費者と担い手と地域に依存することとなる．つまり①消費者は国内産農産物を購入し日本型食生活を実践すべきであり，②生産者は経営感覚を身につけ，消費者ニーズや加工業者に対応する高品質で低価格，外国産農産物との勝負に勝てる生産をすべきであり，③そのために地域をあげての農業構造「改革」に取り組むべきである，というのである．

中でも農業構造「改革」が自給率向上の最大の課題とされている．先にみたように「中間論点整理」が構造問題に絞った議論をしている点に，こうした国農政の考え方がにじみ出ているといえよう．07年からの直接支払い制度が，担い手限定・育成対策としての性格を強く持っているのも，構造政策が自給率向上対策の決め手と考えているからである[9]．

もちろん国農政のいうように，消費者に買ってもらえない農産物を生産刺激しても，過剰が生じるだけであろう．しかし自給率が極端に低い農産物の生産刺激と品質向上対策は自給率向上を謳う国の責任に属する．筆者の数少ない調査の中で，ほとんどの農家や自治体から出される不満は，自給率向上に対する国の責任の曖昧さである．

2. 経営構造対策と地域マネージメント

こうした地域運動依存の農政の1つの典型が，経営構造対策における地域マネージメント手法である．そこでここでは，国農政がボトムアップ方式の採用と自負する経営構造対策を取り上げ，地域からみた問題点を整理したい．

(1) 経営構造対策の登場—全国共通目標の設定—

「地域マネージメント」手法が農政に登場したのは1999年7月の『新たな経営構造対策について』であった．周知のようにこの経営構造対策は，農業構造改善事業が旧農業基本法の廃止にともないその根拠を失い，それに代わる新たな事業制度として再編されたものである．つまり「食料・農業・農村基本法」（以下，新基本法）のもとにおける新たな事業制度として仕組まれたものである．因みに，当時の政策担当者は，農業構造改善事業が旧基本法第21条（農業構造改善事業の助成等）に根拠をもっていたが，経営構造対策は新基本法第4条（地域の特性に応じた望ましい農業経営の確立等を通じた農業の持続的な発展），第5条（農業の生産条件及び生活環境の整備による農村の振興），第21条（効率的安定的な農業経営の育成による望ましい農業経営の確立）にその根拠があるとしている[10]．

では経営構造対策の目的は何か．『新たな経営構造対策について』では，制度そのものの「目的」，そして経営構造対策事業を導入して市町村農業の変革の方向を目指す「市町村マスタープラン」，さらに経営構造対策事業実施地区に求める「目標」とに分けて整理している．まず最初の政策目的については「新基本法の基本理念と政策課題に即して，次世代の我が国農業を担う経営体の確保・育成を図る」としている．そして①そのためには地域農業全体の面としての維持・発展，地域農業全体がデマンドサイドの視点から生産する，そのための幅広い国民各層の参画と情報公開，という「国民的視点」が必要であること，②デマンドサイドの視点に立って農業経営を展開することが経営体の発展にとって最も重要であり，国民の評価と付加価値を利益として手中にすることができる（経営多角化，加工・流通分野への進出，マーケティング，グリーンツーリズム等が挙げられている）としている．政策担当者も制度設計に当たって「経営体の育成・発展を目的とし，地域の農業者等の合意を通じてこれを支援する総合的な対策としてはどうか」[11]としていた．また2000年1月の農水省『経営構造対策について—経営構造対策のポイント—』では農村活性化の観点を除外し，経営体の育成・発展に純化

し，効率的安定的な経営体の育成のために施策を集中することが政策目的であると明確に示している．さらにその目標を数値として明示すべきとしている．

次は市町村マスタープランと経営構造対策実施地区の目標である．『あらたな経営構造対策について』では事業実施地区における計画・事業の基本的考え方として，①効率的・安定的な経営体が地域農業の相当部分を占める農業構造を確立する，②幅広い関係者が目標・計画・手段・プログラムについて話し合い合意形成する，③地域の自主性と選択を尊重して，事業は総合メニュー方式という枠組みとするとしている．そのうえで，地区の目標として①事業対象地区は市町村の中でも重点的な地区だから，地区の目標は当該市町村における目標水準を上回ることを基本とすることが必要で，②おおむね事業開始後5年程度の期間に目標を達成すべきとしている．

さらにその目標には全国共通目標と地区別目標とがある．先に「目標の数値化」といったが，そのことである．まず共通目標としては，①効率的・安定的な経営体の育成を図る観点から，地域の農家数に対する割合で，市町村目標を上回る認定農業者数を掲げ，②特に土地利用型農業の経営規模拡大を図るために，土地利用の集積割合を掲げること，③遊休農地の解消を掲げること，の3つの目標があげられている．さらに「土地利用型以外の部門に係る施設を整備する場合でも，地域農業全体を変革することが目的であるので，農地の流動化や担い手への集積を進め，地域農業の面的な変革を図ることを基本とする」という文言が付されている．地区別の目標については，地域の特性に応じ自主的なものとするとしており，具体的には①新規就農者の数，②集落営農への参加率，③女性の経営参画のための家族経営協定数，女性起業数，④高齢者グループ数，⑤その他，耕地利用率の向上，地域農産物の加工度，新技術の導入農家率，農家民宿数などがあげられている．

こうした目標数値が市町村マスタープランと経営構造対策事業地区の双方に求められるのであるが，重要な点は特に全国共通目標にみられるように，地域が地域農業変革として自ら掲げるべき項目と方向自体が，経営体育成に

第4章　農政の展開と自治体農政の課題　　　　　　113

限定しようという農水省の政策意図の下に，すでに与えられ，なかば義務化されていることである．しかし当然のように「地域から全国共通目標の基準が高すぎて，とても当地区ではクリヤできないので諦める」という声が出されている．これに対して政策担当者は，「お願いしているのは，高い目標数値を掲げることです．それに向かって努力して，納税者に対する説明責任を果たすことです」「ですから目標は高く，運用は柔軟にという方針で臨んでいます」「運用は柔軟にというのは……目標数値を算出するための根拠は，極力幅広く，弾力的に取るということです」[12]としている．

(2) 経営構造対策の地域マネージメント

　問題はこうして掲げた目標をどのようにして実現するのかである．その手段として新たに提起されたのが「地域マネージメント」である．『あたらしい経営構造対策について』では「安定的・効率的な経営体が地域における農業生産の相当部分を占める農業構造を構築していくためには，農地の流動化を加速し，次世代の地域農業の担い手に対して思い切った農地の利用集積を図っていく必要がある．しかしながら水田農業をはじめとする我が国農業においては，土地・水（等の地域資源）において農業者間・集落内での取り決めが（あるために）個々の経営体が規模拡大を図るだけでは事実上限界がある地域も多い」ので，農業の面的な維持発展を図るためには地域全体の合意形成が必要であり……地域マネジメントが有効である」としている．

　その地域マネージメントの内容については「①地域農業に関わる様々な者の役割分担を明確にし，②農地，水，機械，施設などの地域資源を全体として管理し，③その中で農地の流動化を促進し，地域農業を望ましい方向に向けて変革させていく」ことであり，「担い手となる経営体を中心として，地域全体として発展するようなシステムを構築する」のだという．しかしそのためには「合意形成をとりまとめ，その方向付けを行う者（地域マネジャー）が不可欠であり……地域において地域マネジャーとなりうる者を明らかにした上で，これらの人材を養成していくことも重要だ」としている．

さらに地域マネージメント体制の整備を課題としてあげ,「従来各事業や施策ごとに設定されていた経営に関する施策目標を都道府県,市町村,地区ごとに統一し……一本化されたマネージメント体制を構築する」とし,「目標達成のための計画策定や経営施策に関する実施状況の把握・評価等をあわせて行い」「地域マネージメント体制には農業者だけではなく食品産業,地域代表等幅広い参加者を確保」するとしている.

これに関して政策担当課は「①効率的・安定的経営体が地域農業の相当部分を占める農業構造の確立,②個別経営体の育成を図るため,関係者全体の意志を踏まえて地域農業全体がこれをバックアップしていくことについてのコンセンサス形成,③①,②の取り組みを含めての地域農業の変革がある」「地域農業の変革について関係者全体の合意を形成し,経営体を育成しながら地域全体として発展するシステム(地域マネージメント)」[13]という表現をしている.

(3) 国農政の地域マネージメントの問題点

手法としての地域マネージメントそれ自体は住民参加の下にボトムアップ方式で計画を作り上げ,実践していく手法であり,非常に重要な意味を持っている.従来の農政手法の多くが上からの計画づくりであったのに比べて,画期的な手法の導入ということができるかもしれない.例えば宇佐美氏も「構造政策を地域農政にリンクさせ,その計画立案を農村現場の人々に委ね,常設の地域マネージメント体制の設置と費用対効果分析で計画の実効性を担保しようとする構想は……ボトムアップ的地域農政の手法を大きく前進させた」[14]と高く評価している.

しかし問題は目標設定,目標となる地域農業像である.上述のように,全国共通目標という名の下に国農政によって厳しく方向付けられ,数値化することが条件付けられている.前述のように国農政の政策担当者は「目標は高く,努力が重要」というが,ひとたび数値化されればそれが地域の評価基準となってしまう可能性が高いだろう.しかもこの高い目標を掲げたマスター

プランが，地域農業の担い手に関するすべての計画（農業経営基盤強化促進法など）をオーソライズするというのである．

こうして整理してみると，せっかくの地域マネージメントも，国農政の掲げる「効率的・安定的な経営体」育成という政策目標を実現するための手段でしかないことがわかる．本来は目標自体を地域マネージメント手法でボトムアップ的に合意形成することが大切なはずである．ボトムアップによる地域の合意形成が地域農業振興の重要な手法であることは，強調してもし過ぎることはないが，しかし経営構造対策の地域マネージメントは，あくまで国農政の政策実行手段としての地域合意形成手法なのである．

3. 地域農政論の展開

(1) 地域農政論の登場

地域農政に着目し，自治体農政論の重要性を体系的に提起したのは，恐らく高橋正郎氏であろう．氏が積極的に自治体農政論を提起したのは，丁度「地域農政特別対策事業」が打ち出された時期と重なる．農政で「地域」が注目された時期であった．

氏の自治体農政論[15]は，「地域農業にかかわる今日の問題は……機能を分担している諸機関や団体が，十分にその機能を果たさないか，個々に果たしていたとしても，それが全体として体系づけられるよう調整されていないことによるものが多い」という問題意識の下，「個々の農家……地域農業にかかわる……諸主体が，相互に連携し……機能が調整され，地域農業が一つの単位としてその機能が拡大していくこと」「地域農業のトータリティーの確立（のために）……市町村自治体が，その再編の担い手としてきわめて重要な役割を担う」ことが課題となっているという．国の農政と地域とのパイプ役である市町村自治体や関連する農協などの自主性が強調されるのである．

このパイプ役としての自主性には「4つの要件」があるという．すなわち①独自の地域農業開発計画の存在，②市町村，農協，普及所などの地域農業

の指導機関が協同し，共通目標をもち，それぞれの機能を発揮して総合的な指導が行われていること，③集落の機能を重視し，地域のコンセンサスを醸成し，地域農業を担う諸主体の組織化を重視すること，④開発計画において一連のマネジメント機能の発揮，すなわち地域マネジメントが行われていることである．さらに農政手法としては，制度，資金に次ぐ第3の農政の手段である地域農民に対するリーダーシップが重要であるとして，地域農業に関する地域構成員間のコンセンサス形成，権利調整や利害対立の政治的解決が必要だとする．

　その農政手法を計画論的視点から「地域マネージメント」とし，「国の農政（制度と資金：筆者）という一定の枠があったとしても，リーダーシップという独自の手段によって，それらを地域農業に創意性と組織性をもっていかに生かし，いかに運用するかという面にこそ，その自治体農政の独自性がある……地域マネジメントがますます重要な意味を持つ」という．

　問題は国農政と自治体農政との関連認識である．氏は「自治体農政が確立していけばいくほど……国の農政との間にギャップが生じ……摩擦が生じる可能性がある」が，そのことで逆に「末端にある地域農業の発展の芽やエネルギーが自治体農政を介して引き出され」，「（国の農政も自治体農政も）いずれも合理的でありながら，両者の間に緊張関係が存在する……そのこと自体に問題があるとみるべきではなく，……問題は……その緊張や矛盾をつぎつぎに解決するという当事者の創意性の有無にある」とする．

　こうして氏の自治体農政論の特徴は，①自治体と関連諸組織の協同と，②地域マネジメントに象徴される地域農業のトータルな計画と管理，③国農政と地域農政とのギャップに地域農政の主体性＝モメントを求めるという点にある．国農政も自治体農政もともに合理性を持ち，両者は調整されうるという点が，当時の農政状況を反映しているようにも思える．

(2) 今日の地域農政論

　では今日の地域農政には何が問われているのか．近年，筆者と同様の問題

第4章　農政の展開と自治体農政の課題　　　　　　　　　　117

意識の下に,小池恒男と田代洋一の両氏が地域農政の課題を提起している．それら手がかりに地域農政の課題を整理しよう．

　まずは小池氏の指摘する政策課題である．氏は自治体農政に関する集団的研究を組織し,その成果として次の5つの政策課題を提起している[16]．第1は新たな政策理念の確立である．氏は①新鮮で安全な食料供給機能,②就業機会を創出・確保し,地域社会を維持し活力を付与する機能,③市民間の生活文化を豊かにする機能,④国土環境保全機能,⑤農耕景観を創造する機能の5つの機能を確保することをコンセプトとする「地域住民にとってかけがえのない農業」そして「農のあるまちづくり」という政策理念を提起している．

　第2は日本型農業の創造である．それは①地域農業の協同体制,②地域循環型農業,③自然生態系農業を内実としている．具体的には,水田農業に見られる大規模稲作経営・集落営農・公益的経営体（第三セクター：筆者）・兼業農家によるエリア・シェアリング,ワーク・シェアリング,クロップ・シェアリングといった地域内協同関係の発展,山形県長井市の「地域循環農業」の取り組み,宮崎県綾町の「自然生態系農業」の取り組み,さらには岩手県東和町の「アグリワールドランド構想」による都市農村交流の取り組み等があげられている．

　第3は自治体農政の独自施策の集約・分類・体系化である．すなわち,これまで全国各自治体で取り組まれてきた施策を集約・分類・体系化して,今後の自治体農政の充実・実践化に役立てようというのである．

　第4は自治体農政の組織体制の構築である．その1つが国と地方の行政事務の分担関係と地方自治確立のための税制改正,2つには市町村と都道府県の分担・協力関係,3つには地方自治の立場から問題を考える職員の養成,専門家を養成する人事政策（自治体公務員論）を指摘している．そして第5が新たな行政の仕組みを創造する課題で,現場の実情を踏まえた政策形成のための住民参加の推進である．

　他方,田代氏は以下大きく3つの課題を提起している[17]．第1は農業政策

における国と地域の関係の明確化の課題である．そこでは①国境保護措置，②食料自給率の向上や国土環境保全のための農林地保全施策，③環境財・公共財としての農地整備，④農産物の需給調整・価格政策が国の政策であり，①地域農業振興，②担い手の育成，③農村環境整備は地方自治体が担うべき行政事務としている．そうした点から見て，日本農政の最大の問題が，国の本来的任務である上記の諸政策を放棄しながら，本来は地域が独自に取り組むべき地域農業振興とその担い手育成の領域に事細かな干渉をしている点であると指摘している．

第2の課題は地方財政の改革である．具体的には，①地方税財源の拡大，②各地域の行政需要を的確に反映した，一般財源化した地方財政調整制度の実現，③妥当かつ有効な限りでの機関委任事務・補助金・交付金の認定があげられている．

第3は地方分権に対応する市町村行政の課題である．その第1は住民参加の推進であり，地方分権には住民の自治能力の陶冶が避けて通れないとしている．第2は町村合併の問題で，単に行政効率の点だけではなく，住民自治の及ぶ範囲，産業利害の結果がはかられる同質性，住民の利便性等からの町村規模が考えられるべきだとしている．第3は自治体公務員のありかたである．つまり行政のそれぞれの分野で，地域に精通し，住民の意向に即した行政が担えるエキスパートの育成である．そして第4に縦割り行政の再統合である．国の縦割り行政を市町村のレベルで再統合し，地域に即した政策に再編成するということである．

以上，両者の問題提起をふまえて自治体農政の内在的課題という点からみて，以下の3つに整理することができよう．第1は地域農業の政策理念の確立，そのための縦割り行政の再統合，各種組織・機関の一元化の課題があげられる．地域農業振興の体制整備とあるべき地域農業像・プランの立案の課題である．第2は住民参加の推進である．農業生産者はもちろん，必要に応じて地域住民も巻き込んだ取り組みが必要であり，自治体と生産者・住民を結びつけるシステムづくりが重要な課題である．第3が自治体公務員のあり

第4章 農政の展開と自治体農政の課題　　　　119

方に関する課題である．地域農業づくりのためのエキスパートの育成・確保の人事政策であり，地域農業づくりをリードする政策主体確立の課題である．

4. 自治体農政の課題

　上述のように，新基本法農政の最大のポイントは農業構造「改革」である．食料自給率向上も，農業構造政策の従属変数といってよい．その農業構造「改革」は「効率的安定的経営体」「法人化」をキーワードにする経営育成策であり，地域では自治体を介して担い手選別がすすめられようとしている．自治体は国農政の政策枠組みに，地域農業をいかに適合させるかに腐心しているのである．

　他方，地方分権が進められる現在，自治体には主体的な政策形成能力が問われている．農山村自治体は財政危機と交付金削減，さらに農産物自由化の中で，いかに農業を発展させ，農地・農村を守り，安定した地域社会をつくり上げるか，その政策づくりに努力している．

　では，国から進められる構造政策と地域が抱える地域農業問題のはざまの中で，自治体に求められる地域農業構造政策とは何か．それは，どのような担い手がどのように連携して地域の農地と農村を維持し，農業生産を発展させることができるか，その地域システムだといえよう．問われているのは，自治体による地域農業システムの提起とそれを実現するための住民参加・住民合意，そして実践である．要するに自治体と農家さらには地域住民をも視野に入れた幅広い協働の取り組み，地域運動である．その主体として，自治体をはじめ農協や農業委員会など，関係機関の一体的取り組みが必要なことは，いうまでもない．そうした実践的運動を可能とする自治体農政が求められているのである．

　しかし，自治体農政には限界がある．国農政との矛盾が広がっているからである．こうして農政分野における国家の役割と自治体の役割の本来あるべき姿の構築が求められている．国農政を地域農政に適合させるべく，地方か

ら積極的に政策提言することが求められているのであろう．

以下の章は，自治体を中心とする地域農業構造政策の実践的取り組みを紹介し，その意義を検討するものである．

注
1) 田代洋一「東アジア共同体のなかの日本農業」『2006年度日本農業経済学会大会報告要旨』2006年．
2) 小田切徳美「地域農業の「組織化」と地域農政の課題」『第54回地域農林経済学会大会報告要旨』2004年．
3) 小田切徳美「「新基本計画」の性格と諸論点」『日本農業年報52・新基本計画の総点検』農林統計協会，2005年．
4) 新農政推進研究会編著『新政策そこが知りたい』大成出版社，1992年8月，2-3ページ．
5) 同上，3-4ページ．
6) 富民協会・毎日新聞社『農業と経済』1999年8月号別冊の座談会「新基本法と21世紀の食料・農業・農村の展望」における高木事務次官の発言，15-16ページ．
7) 田代洋一氏は現段階の農業問題を「多国籍企業帝国主義段階の農業問題」と規定する．それを支えるのがWTO体制であり，「農業総生産の増大」「輸入制限」「関税引き上げ」等の条項を持つ農業基本法の廃止はまさに国内農政のWTO体制へのすりあわせであり，「食料主権」ないし「食糧自給権」の放棄で

章末資料4-1

課　　　題	諸団体の取り組み
1. 食料の安定供給の確保に関する施策 　(1) 食の安全及び消費者の信頼の確保 　ア　リスク分析に基づいた食の安全確保 　　① 農場から食卓までのリスク管理の徹底 　　② リスクコミュニケーションの推進 　　③ 危機管理体制の整備 　　④ 研究開発の推進	

第4章　農政の展開と自治体農政の課題　　　　　　　121

あると指摘する（田代『食料主権―21世紀の農政課題―』日本経済評論社，1998年，27-30ページ）．
8)　『農業と経済』2005年8月号，座談会「新基本法で農政はどう変わるか」における今井敏氏の発言，6ページ．
9)　農水省パンフレット『品目横断的経営安定対策のポイント Ver 4』（2005年）では「自らの責任において……愛する集落の維持・発展」のために集落営農が勧められる．国から地域に対して「責任」と「郷土愛」が叫ばれる．
10)　津垣修一「新たな経営構造対策研究会の開催について」『農業構造改善』1999年7月号，3ページ．
11)　同上，4ページ．
12)　実重重実「セールス・ポイントは選択の自由度」『農業構造改善』2000年7月号，3ページ．
13)　構造改善局構造改善事業課「新たな経営構造対策研究会の動きについて」『農業構造改善』1999年9月号，3-5ページ．
14)　宇佐美繁「新基本法の枠組みと農業の持続的発展政策」農政調査委員会『新基本法に見る農業・農村問題の論点』2000年3月，11ページ．
15)　高橋正郎「地域農業の再編成と自治体農政」高橋正郎・森昭共著『自治体農政と地域マネジメント』明文書房，1988年．
16)　小池恒男「自治体農政の課題と展望―21世紀を見据えて―」小池恒男編著『日本農業の展開と自治体農政の役割―21世紀を見据えて』家の光協会，1998年，229-246ページ．
17)　田代洋一「農業政策における国と自治体」小池編著，同上書，44-57ページ．

新基本計画

諸団体の取り組み支援	国の取り組み
・GAPの自主的取り組み支援 ・家畜伝染病の防止	・リスク調査・リスク管理 ・GAPの策定・普及 ・HACCP導入推進 ・ISO 2000の普及啓発 ・卸売市場の品質管理の普及 ・動植物検疫体制の充実 ・輸入野菜等の残留農薬調査 ・家畜衛生管理の向上 ・リスクコミュニケーションの推進 ・危機管理体制の整備

イ　消費者の信頼の確保	・牛肉以外の食品へのトレーサビリティー制度の自主的導入
(2) 望ましい食生活の実現に向けた食育の推進 　ア　関係者と連携した国民運動としての食育活動の推進 　イ　フードガイドの策定と活用	
(3) 食生活の改善に資する品目の消費拡大	
(4) 地産地消の推進	
(5) 食品産業の競争力の強化に向けた取組	
(6) 食料の安定輸入の確保と不測時における食料安全保障	
(7) 国際協力の推進	
2.　農業の持続的な発展に関する施策 　(1) 望ましい農業構造の確立に向けた担い手の育成・確保 　　ア　担い手の明確化と支援の集中化・重点化 　　イ　集落を基礎とした営農組織の育成・法人化の推進	・地域の話し合いと合意形成による担い手の明確化 ・自ら認定農業者に申請 ・個別担い手の拡大を阻害しない
(2) 人材の育成・確保等 　ア　新たな人材の育成・確保 　イ　女性の参画の促進 　ウ　高齢農業者の活動の促進	・担い手支援，地域資源管理 ・都市住民との交流
(3) 農地の有効利用の促進 　ア　担い手への農地の利用集積の促進	・小規模農家や兼業農家が担い手に農地を貸し付けたり集落営農に参画する利点を十分説明

第4章　農政の展開と自治体農政の課題　　　　　　　123

	・リスク管理の研究推進 ・食品表示の適正化の推進 ・生産情報公表JAS規格制定 ・流通情報JAS規格の取組 ・有機畜産物JAS規格の制定 ・食品安全基準全般の見直し ・法令遵守・行動規範の作成
・都道府県，市町村段階での関係者間の連携の強化	・学校給食や農林水産業体験 ・食べ残しの減少推進 ・フードガイドの策定，活用
・啓発のための連携	・朝食等の国民取組の推進 ・学校給食の米飯推進
・自主的な取組の推進	・地産地消の実践的計画策定推進 ・事例紹介，情報交換
・産官学連携	・競争的研究資金制度の活用による研究開発の推進 ・集出荷流通の効率化，高度化 ・食品リサイクルの推進 ・農林漁業金融公庫の食品産業向け融資の見直し
	・情報収集 ・輸出国との情報交換 ・EPA締結で輸出国の生産安定 ・不測時のマニュアル作成と普及
	・アジア地域等の国際的食料備蓄体制整備 ・EPA締結でアジア諸国の農村貧困削減
・地方公共団体や農業団体と役割分担して法人化推進	・認定農業者制度の活用の推進 ・経営主体の実体ある集落営農を位置づける ・技術，経営管理能力，法人化の取組推進 ・集落営農の法人化の推進 ・サービス事業体の担い手展開への支援
	・幅広い人材の確保，情報提供，研修支援 ・家族経営協定，女性認定農業者の推進 ・女性起業，子育て支援，ネットワーク支援 ・左の取組の促進
	・集落営農等担い手への面的集積の推進 ・「農地版提起借地権」や交換分合の推進

イ　耕作放棄の発生防止・解消のための措置の強化 　　ウ　農地の効率的利用のための新規参入の促進 　　エ　優良農地の確保のための計画的な土地利用の推進	
(4) 経営安定対策の確立 　　ア　品目横断的政策への転換 　　イ　品目別政策の見直し 　　ウ　農業災害による損失の補てん	
(5) 経営発展に向けた多様な取組の促進 　　ア　多様な経営発展の取組の推進 　　イ　農業と食品産業との連携の促進 　　ウ　輸出促進に向けた総合的な取組の推進	・規模拡大，多角化，複合化等による経営発展 ・有機農産物等の高付加価値型や観光農業 ・主体的判断で売れる米を適量生産 ・加工，外食需要に対応した取組
(6) 経営発展の基礎となる条件の整備 　　ア　生産現場のニーズに直結した新技術の開発・普及 　　イ　新品種等の知的財産権の保護・活用 　　ウ　農業生産資材の生産・流通及び利用の合理化	・担い手による新技術の現地実証 ・農業生産資材費低減のための行動計画の改訂と取組強化，公表
(7) 農業生産の基盤の整備 　　ア　農業の構造改革の加速化に資する基盤整備の推進 　　イ・ウ・エ…略	
(8) 自然循環機能の維持増進…略	
3．農村の振興に関する施策 　(1) 地域資源の保全管理政策の構築 　　ア　農地・農業用水等の資源の保全管理施策の構築 　　イ　良好な農村景観の形成等	・地域住民や都市住民を含めた多様な主体による地域共同の効果の高い保全管理の実施 ・地域住民の合意形成や都市住民との連携による景観農業振興地域整備計画の策定

第4章　農政の展開と自治体農政の課題

・市町村が耕作放棄地の利用計画策定と農業委員会の指導強化 ・知事裁定による利用権設定 ・市町村による緊急管理の指導 ・所有者不明の場合の市町村管理	・左の制度づくりの促進
	・株式会社のリース方式による参入の全国展開 ・農地の権利取得の下限面積要件の引き下げ ・農振計画への地域住民の意見の反映 ・農地転用許可基準の明確化，透明性確保
	・諸外国との生産条件格差が顕在化している品目を対象とし，対象を担い手に限定 ・対象経営の明確化，経営安定を基本に見直し ・品目横断的政策，品目別政策の見直しで見直し
	・左の推進
・食料産業クラスターの形成と協議会の設立，商品開発	・左の推進 ・食品産業と農業を結びつけるコーディネーターのデータベース整備
	・新技術開発の農林水産研究基本計画の策定 ・TLOの活動強化
	・利用集積加速化の大区画圃場整備の推進 ・水田の汎用化や畑地灌漑施設の段階的整備
	・左の促進

(2) 農村経済の活性化 　ア　地域の特色を活かした多様な取組の推進 　イ　経済の活性化を支える基盤の整備 　ウ　中山間地域等の振興	・地域の主体性と創意工夫を活かした多様な産業育成 ・農村内外の多様な主体が持つ技術や能力の発揮 ・自律的かつ継続的な農業生産活動の取組 ・集落の将来像の明確化
(3) 都市と農村の共生・対流と多様な主体の参画の促進 　ア　都市と農村の交流の促進 　イ　都市及びその周辺の地域における農業の振興 　ウ　多様な主体の参画等による集落機能の維持・再生	 ・住民参加の都市農業ビジョンづくり ・直売，市民農園，農業体験，防災協力農地等 ・複数集落の機能統合 ・新規就農，UJI ターン定住による新たなコミュニティづくり
(4) 快適で安全な農村の暮らしの実現 　ア　生活環境の整備 　イ・ウ…略	

第4章　農政の展開と自治体農政の課題　　　　127

	・構造改革特区や地域再生の規制緩和の促進 ・道路ネットワーク，物流拠点の整備 ・人材育成，人的ネットワークの形成推進 ・農業生産条件不利補正施策の継続
	・市民農園開設の要件緩和 ・学校，企業，NPO，自治体の連携によるグリーン・ツーリズムの推進 ・左の推進 ・左の推進 ・左の推進
	・農業生産基盤と生活環境の一体的，効果的整備 ・高度な情報通信基盤の整備 ・公共施設や歩行空間等のバリアフリー化

第5章　地域農業構造政策と市町村農業公社

はじめに

　市町村農業公社の位置づけをめぐっては，すでに多くの論考が出されており，さらに困難に直面する現実の市町村農業公社の紹介もなされている．本稿の執筆時点は，ちょうど市町村農業公社をめぐってホットな議論がなされていた時期であり，その意味ではすでに決着済みの感がないでもない．しかし，市町村農業公社の設立が，地域農業の危機を認識する自治体の主体形成の契機となった点が改めて注目されるべきではないか，というのが本論文の問題意識である．当時の問題状況をみてみよう．
　95年農業センサスを分析した宇佐美氏は1985年以降の変動過程を世紀末構造変動として特徴付け，①日本農業が歴史上初めて日本資本主義の市場関係に全面的に包摂された段階の農家減少であること，②農家数の本格的な減少が，長寿化も機械化も「完成」した段階，農業・農家を維持する戦線が伸びきった段階の上に生じていること，③農業構造の高度化を促す「農業構造変革的農地流動化」と耕作放棄等の「農業衰退的農地流動化」の2つの方向が激しく進行していること，④日本の農業的資源減少が全地域・全部門を覆って進行する"資源減少の本格化現象"局面への突入，⑤形成された上層経営が，もはや農民経営のレベルとは性格を異にし，農業経営そのものが資本と賃労働を問題とする段階に達したことを指摘している[1]．こうした分析が現実であるとして，ではこの延長上に地域農業の将来があるのだろうか．ま

たそこに地域農政は展望を見いだしているのか．このことが今問われている．

本稿は，直接的には筆者がこの間調査した市町村農業公社の実態をまとめたものであるが，後にもふれるように，そこには地域の抱える農業構造問題を解決し，地域農業の将来像を模索する自治体レベルの農政努力があり，筆者はそれこそが注目されるべきであると考えている．すなわち本稿で紹介する3つの町村は，市町村農業公社の設立を単なるブームとしてではなく，地域農業構造問題の解決・再編の主要な農政手法として位置づけている．そこにはせっぱ詰まった市町村レベルの危機感がある．

こうした危機感の背景には，いうまでもなくこの間の農業環境の悪化がある．国の農政は現在の農業危機を経営感覚に優れた経営体へのさらなる農地集積の促進という構造政策によって乗り越えようとしている．が，それに対して市町村の農政は，直面する地域農業問題を独自の，様々な取り組みで乗り越えようとしている．そうした取り組み・工夫の一環として市町村農業公社が位置づけられているのである．

以下，市町村農業公社そのものの分析にとどまらず，①地域の農業構造問題，②問題解決のための地域農業政策と推進体制整備，③市町村農業公社の設立のねらいと機能・評価というように，広く市町村の地域農業問題から実態を捉えてみたい．

1. 秋田県琴丘町

(1) 地域の農業構造問題

琴丘町は大潟村と上小阿仁村に接する地域で，秋田市の通勤圏内に位置する．町は奥羽本線沿いに広がる水田と八郎潟に沿って細長く接する八郎潟増反地水田からなる平地農業地域の旧鹿渡村と，県北山間部の上小阿仁町へとつながる山間農業地域の旧上岩川村の相異なる2つの地域によって構成されている．

地域の農地の多くは水田（1,600 ha）で，八郎潟干拓に位置する330 haの

増反水田は 50 a 区画に整備されているが，その他の平地水田 910 ha は 10 a 区画のままのものがほとんどで，このうち 360 ha が現在大区画圃場整備実施中，さらに 130 ha が 99 年度事業開始予定となっており，今後の農業展開の契機として期待されている．しかし特に山間部に位置する 360 ha の水田は零細・分散で，圃場整備も事実上困難とされている．

農家数は 1980-95 年の 15 年間に 19.7％ も減少しており，特に 80 年以降の減少テンポは一段と早まっている．専兼別にその特徴をみると，90 年までは第 2 種兼業農家率の増大と第 1 種兼業農家率の急減という傾向が顕著であったが，90 年から 95 年にかけては逆に第 2 種兼業農家が絶対数でも構成比でも低下し（735 戸 → 606 戸，76％ → 68％），専業農家率および第 1 種兼業農家率が若干ながら高まっている．しかし「高齢専業」(41 戸 → 58 戸) や「専従者のいない農家」(68％ → 82％) が増加し続け，ほとんどの農家が「専従者のいない農家」となっている．つまり世帯主層の兼業リタイヤを契機とした農業への還流が一定程度増加しているものの，そのほとんどが年間農業従事日数 150 日に満たない就農者なのである．

では農地流動化の動きはどうか．1995 年センサスで約 11％ の借地率となっており，農家数の減少を背景にこの 15 年間で 9 ポイント近くも高まっている．他方，利用権設定をみると 94 年までは年間約 20 件，10 ha 程度にとどまっていたが，95 年には 66 件 45 ha，8 年には 71 件 43 ha と設定面積が急増しており，ストック面積で約 150 ha の水準にあるという．95 年センサスの借地面積が 177 ha であるから，そのかなりの部分が利用権にのっていることになる（この点については農業公社の役割との関連で再度ふれることとする）．

さらに経営耕地規模別農家構成比をみると，30 a 未満階層はそのウエイトを若干増加させて（95 年で 13％）依然根強く存在しているものの，1～3 ha 層が分解にさらされて減少し，特に 5 ha 以上層が増加しており（1980 年以降 5 年きざみに 8 戸，20 戸，32 戸，42 戸），農地流動化は着実に上層農家の拡大へと結びついている．こうした大規模層が認定農業者となっており

(56人), 1集落1~7人程度確保されているという (後述のように山間農業地域の旧村にはいない).

ところで, 琴丘町における農業政策については, 実は町農協が大きな機能を果たしてきたという歴史がある. その第1は複合化対策の取り組みで, その取り組みは水田転作を契機にした1970年代後半以降と比較的近年のことに属する. まず76年に肥育豚による畜産振興が追求され, そして転作が本格化した79年にメロンとキュウリの産地形成が推進された. しかし当時すでに兼業稲作が定着しており, 結局は農家の取り組みも長続きすることなく複合部門は縮小していった. 稲単作からの脱却は果たせなかったのである (95年センサスで水稲単一経営が95%を占め, 80年以降でもそのウエイトは年々高まっている).

第2の取り組みが稲作の共同化である. 町農協では構造改善事業を契機に68年と69年にカントリーエレベーターを導入し, 乾燥・調製をテコとした地域農業の組織化に乗り出している. また76年には新たに農業構造改善事業を利用して集落単位に大型の共同利用機械の導入を図っている. 秋田県が推進する折からの集落農場の取り組みも手伝って, 多くの集落で機械利用共同が展開していった. しかし一層の兼業深化を背景に, 更新がうまくいかず結局は解体していき, 取り組みはとん挫してしまっている. 兼業・個別機械導入という方向に進んでしまったのである.

こうした共同化の取り組みと同時に町農協が取り組んだ事業が70年代後半の農作業受委託事業であり, これがその後の町農協の地域農業対策の中心的位置を占めてきた. この受委託事業は部分機械作業受委託のみならず, 全面作業受託, いわゆる相対小作をも含むものであった. 秋田県の多くの地域でもみられるものであるが, これが琴丘町でも高い実勢小作料を容認し, 標準小作料との乖離を固定化するものとして作用してきた. すなわち, 95年改訂の標準小作料が上田で3万8千円であるのに対して, 実勢小作料が6万円にも達する水準で推移してきたのである.

さらにもうひとつの問題点が旧上岩川村＝山間農業地域の農業対策である.

この地区では1980-95年の15年間に農家数が28%と激しく減少しているものの、親戚関係等の相対の賃貸借によって経営耕地は同期間に11%程度の減少にとどまっており、何とか農地を維持してきている．しかし未整備水田がほとんどであるために大規模経営の形成力は弱く，5ha以上農家が3戸，男子専従者のいる農家が3戸，認定農業者はゼロである．要するに離農農家の農地を残存する農家で借り支えながら，しかもその多くが農協の受委託事業にも乗らない全くの相対の形で，農地を維持してきたのであり，現在それを担っている高齢世帯主層がリタイヤした後には大きな問題が生じることになると危惧されている．

以上の点をふまえて地域の農業構造を整理すると，以下のようにいえよう．第1は農家数の減少を背景に，特にここ5年間の借地率の高まりにみられるように農地の流動化が急速に進みつつあり，全体的に農業構造の転換期にある．しかし第2に具体的な農地市場をみると，①農地条件では中央増反地や現在進められている大区画圃場整備の整備田と10a区画のままの未整備田の併存，②そうした圃場整備が可能な平地水田と整備すら困難で分散・零細圃場からなる山間部の二重構造，③農業委員会が関与する利用権と農協受委託事業を介した相対小作関係と，農協すら関与しない親戚関係等の本当の相対小作関係の併存，④そして標準小作料と相対関係に規定され地域の太宗を占める実勢小作料の併存と，そこには複雑・錯綜した実態がある．さらに第3に担い手に目を転じれば，認定農業者等の中核的な拡大希望農家と相対関係に埋もれた親戚農家，そして山間部では相手に頼まれて耕作せざるをえない高齢農家や兼業農家など，それぞれの家や地域の事情を背景とした多様な担い手が存在している．こうして地域の農業構造政策では，このような農地市場の整序化を視野に入れた政策展開が求められている．

(2) 琴丘町農業公社と地域構造政策

琴丘町に町農業公社が設立されたのは1995年であるが，そこには大きく4つのねらいがあった．その第1は地域農業振興対策の実践部隊というねら

いである．これは特に担い手不足と耕作放棄が懸念される山間地域に高収益の新規作物を導入し，その高収益性の実現で地域農業の活性化を図ろうというものである．この新規作物が"梅"で，町長自らその発案者となったという経緯がある．町ではその具体策として92年～96年にかけて構造改善事業等を導入して29haの梅園を造成している．

ところで町は関係農家の事業参加を促すに際して「収益から事業費を償還できるように，町が責任を持って指導する」という条件を提示しており，当面4年間は町が管理することとなっている．その管理の担い手が町農業公社なのである．そのためには公社が開発農地を中間保有することが必要で，農地保有合理化法人資格を取得している．

第2はこのこととも関連するが，農協の営農指導の代替組織というねらいである．実は町農協は広域合併を控えており，実態として町農業の振興対策が打ち出せない状況にあり，町も合併後の営農指導機能の低下を懸念している．これを町農業公社で担おうというのである（役場内には梅課が設けられており，公社との両輪で梅の定着・高付加価値化を推進している）．要するに公社は行政主導の中山間地域対策の実働部隊として設立されたのである．

第3は将来的に避けられない山間地域の耕作放棄農地の管理耕作というねらいで，町農業公社による直接耕作を考えている．しかし全農地を保全可能かというと，そういうわけではない．町では山間地域の農地360haのうち，200haは耕作可能，100haは圃場条件からみて水田としての利用継続は困難であり梅等の特産物への転換を促す，残る60haはソバ等の粗放な作物もしくは作物転換すら困難な場合には植林も仕方ない，という土地利用計画をもっている．しかしそれにしても山間地域では現在の借り手の高齢化が進んでおり，今後は「公社に頼めば何とかしてくれるだろう」という意識が高まりつつあるという．公社としては山間地域の安易な管理耕作は避けたいとしており，できるだけ地域の農家が農地利用に関与すべく特産品開発等の事業を展開したいという．また公社自身も水田の直接耕作に乗り出すことは認定農業者等との競合を招くとして，現状では梅園の管理耕作に限定している．

第5章 地域農業構造政策と市町村農業公社

　第4がその認定農業者への農地集積機能の発揮で，96年度の実績で，農地保有合理化事業（ストック）が75.0 ha，受委託事業が耕起186 a，代かき99 a，田植え151 a，刈り取り897 a，全機械作業978 aとなっている．公社では設立した95年からこの農地保有合理化事業を開始しており，その年に54.8 haを事業に乗せている．この面積は町の借地面積と比較してもかなり大きな面積であるが，実は上述の農協の受託事業の中の事実上の賃貸借であった全面受委託を利用権に設定し直したものであり，農協の事業を引き継ぐ形で公社の事業が始まっている点に特徴がある．さらに96年には新規に約22 haが事業に乗っており，そのうち4割が相手の指定のないもので，公社は「徐々にだが誰でもいいから借りてほしいという状況になりつつある」という．その意味で認定農業者への農地のあっせんが進む状況になってきている．

　このように農業公社の実施する合理化事業は，必ずしも公社独自の力でスタートしたわけではないが，しかしそこには「標準小作料水準への小作料引き下げ」という副次的だが，借り手にとっては非常に大きな効果があった．前述のように農協の全面受委託等の実勢小作料水準は5万8千円〜6万円で，標準小作料を大きくこえるものであった．しかし農地市場が貸し手市場から借り手市場へと急速に変化し始めたことや，米価がここ数年で大きく下落したことを背景に認定農業者等の借り手から高い小作料への不満が噴出していた．公社の合理化事業という形で農地市場を整序したことを契機に，実勢小作料は標準小作料水準へと引き下げられたのである（中央増反地は償還もあって4万8千円水準）．認定農業者等の借り手が合理化事業を選択したのにはこうした事情があった．さらにこうした中で注目されるのは，農業公社が受託者の組織化を図っており，認定農業者等，公社の利用権を受けている40人を対象に受託者協議会を発足させている点である．農業の担い手農家を地域全体の中で明確にし，効率的な農地集積を目的としており，今後の成果が期待されている．

　なお，公社の組織体制をみると職員は課長・技師・パート事務員の3名か

らなる．課長は農協出向職員で主として総務および農地保有合理化事業を担当しており，プロパー職員である技師が具体的な作業を担っている．

ではこれまで地域の流動化を担ってきた町農協はどのように公社を評価しているのか．まず公社そのものについては，農地の直接的管理や研修事業を利用した新規参入者の研修の場，ひいては地域農業振興の拠点として積極的に位置づけている．しかし行政主導の公社運営にはやや批判的で，「今後の地域農業のあり方や支援方策を考える関連組織の協議会組織が必要ではないか．現場に詳しい農協がもっと重視されても良いのではないか」と，町との共同体制の構築を強調している．というのも，実は公社設立以前の87年に，行政と農協，農業委員会等が中心となって「農業振興プロジェクト協議会」という協議の場をつくり，91年には「農地管理センター構想」を打ち出したという経緯がある．しかし①農地管理から地域振興戦略作物の導入へ，②農協の広域合併による指導事業縮小の懸念といった理由から，町中心の農業公社へと動いていったのである．もちろん農協が「梅」に代わる代替作物を提示できなかった点については自らその限界を指摘している．が，今後の地域農業の新しい構造を作り上げるには，農協合併後の新しい推進体制整備の課題は大きいといえよう．

(3) 町農業公社の機能と地域農業構造政策の課題

以上のように町農業公社設立の契機は何よりも山間農業地域の特産品開発による農地保全・農業振興にある．公社にはそのための生産指導，梅園管理の実働部隊としての機能が期待されているのである．これを地域の農業構造問題全体からみると，最も脆弱な地域，最も深刻な課題への政策対応ということができる．また，こうして設立された町公社は，農地流動化においても結果的に重要な機能を果たしている．小作料水準の引き下げ，農地市場の整序という機能である．

こうした機能を既存の組織との関連で整理すると，農業委員会は農地の賃貸借や売買のあっせんはできても耕作放棄農地の中間保有や梅の直接耕作が

できるわけではない．県公社は中間保有はできても直接耕作は容易ではない．また農協は広域合併の中で生産振興対策が十分には実施できない．そして農地市場の整序についても，農協，農業委員会ともに対応できる状況にはなかった．要するに地域の農業政策をより機動的に実施するために，既存の組織の隙間を埋めるものとして町公社が機能しているのである．

では，地域の農業構造政策がこの「町農政－町公社」のラインで今後も進むのかというと問題がないわけではない．それは農業関連組織の合意形成である．たとえば，山間地域の特産品開発では販売ノウハウの活用や，農家への融資窓口機能の活用といった点で農協の機能は欠かせないし，合併後の営農指導体制の維持・強化という点でも農協との意志疎通は不可欠である．また農地流動化との関連では，公社は確かに小作料の引き下げという重要な機能は果たしたが，農地に関する情報収集やあっせん活動を公社の職員が行っているわけではなく，現実には農業委員や農協営農指導員，地域によっては米の出荷業者が果たしていることも少なくなく，今後もそうした組織や人的資源に依存せざるを得ない．さらに認定農業者の多くが小作料水準や契約期間の問題はもとより，団地的・合理的な農地集積を可能とする農地情報の提供や政策努力を要望している．この点で農地情報の一元化が求められており，農家→集落→農業委員・農協指導員・業者→公社→関係者の連携，協議といった流動化のシステムづくりが必要であろう．

2. 鳥取県岩美町

(1) 地域の農業構造問題

岩美町は鳥取県の東端，兵庫県に接し，日本海に面する地域である．町の農地は水田がほとんどを占め，日本海岸に近い町中心部の平坦地と，山間部から流れる2本の河川に沿って広がる中山間地域とによって構成されている．このうち平坦部の水田は圃場整備が完了しているが，中山間地域の水田については未整備田が多く，その保全・利用問題が深刻化している．たとえばセ

ンサスの経営耕地面積をみると1980年から95年の15年間に町全体で20%以上も減少しており，逆に80年から85年には「耕作放棄＋不作付け」面積が増加に転じている．その減少農地の多くが中山間地域の農地なのである．

他方，担い手をみると高齢化とともに農家数そのものが大きく減少している．センサスによると近年の15年間に農家数は27%（478戸）も減少しており，特に第2種兼業農家が大きく減少（426戸）するとともにいわゆる高齢専業農家が増加している．

では構造変動はどうか．1995年センサスの水田借地面積が118 ha（借地率16.1%），97年の利用権設定面積は99.4 ha（利用権設定率11.1%）となっており，流動化は確実に進んでいる．その意味で構造変動は起きている．しかし問題はそれを受け止める担い手である．センサスをみる限りでは5 ha以上農家はわずか1戸に留まっており，いまだ1 ha未満層が80%以上を占めるなど，大規模経営が展開しているわけではない．また認定農業者も27戸で「頭打ち」（男子生産年齢人口のいる専業農家が25戸でほぼこれに対応）ということであり，農業経営改善計画の目標面積が10 haを超える認定農業者はわずかに3経営だけである（多くの認定農業者の目標とする営農類型が施設園芸や畜産を中心とする複合経営である）．

こうした状況を自治体・農協も黙ってその推移を見てきたわけではない．町の政策の第1が土地利用型大規模経営を対象とした転作緩和政策である．これは経営耕地の5 haを超える分については転作配分を行わず，町の農家全体で土地利用型経営の育成を支援するというものである．小規模農家からすればそれだけ転作配分が増えるが，自分が耕作できなくなったときに引き受けてくれる経営を育成するという点で合意されているのだという．第2は鳥取県の農機具や施設の助成事業等を活用した集落営農の推進である．実際にこうした事業を契機に組織化に成功している事例はあるが，多くの集落では高齢化が進む中で集落の主体性を導き出すこと自体にすでに限界があるという．

これに対して町農協（合併以前）が実施したのが，直接的に農地を耕作す

る取り組みである．町農協は89年に農地保有合理化法人資格を取得しており，この合理化事業を通じて集積した農地を担い手にあっせんしていこうというものである（町農業公社設立後は合理化法人は公社へ移管）．そしてその担い手が，町農協の組合長等役員が出資して93年に設立された（有）岩美農産である．当時すでに農地の借り手不足が問題となりつつあり，その受け皿として民間セクターの担い手を設立したわけである．しかし地域では農協＝岩美農産という認識が一般化してしまい，また民間セクターであるために公共的性格は弱く，公共性を重視する農業公社設立に農協も出資することになっている．また認定農業者との競合を危惧する声もあり，必ずしも地域農業振興に成果を上げているわけではない．

このように地域農業振興を目的に一定の政策努力がなされるが，政策全体の一貫性が弱く，他方で高齢化や兼業化を背景に農地流動化が進んで来てはいるものの，明確な土地利用型経営の確立をいまだ見ることなく推移している．こうした中，地域全体としては中山間地域から耕境後退が急速に進んでいるのが岩美町の現状である．

(2) 町農業公社設立の経緯とねらい

（財）岩美町農業公社は1995年5月，岩美町（750万円）とJA鳥取いなば（250万円）の出資によって設立された．設立の中心となったのは農業委員会会長である．氏の問題意識は「5～10年後には認定農業者だけでは農地は維持できない」という点にあり，きわめて明快である．「すでに管理耕作でもよいという貸し手が出たり，農業委員に頼まれたから借りてやると認定農業者が言う時代に入りつつある．将来の農地管理の担い手をつくることが必要だと考えた．米価下落を背景に，認定農業者であっても農業後継者の確保は困難だろうと考える」という．また行政が従来推進してきた集落営農についても，実態としてはそれほど簡単に集落で合意され，設立できるものでもなく，集落営農を推進しつつも認定農業者への農地集積や公社による農地管理など重層的な取り組みが必要だと考えている．しかし公社が直接農地を

保有耕作することを前面に出して，不必要な地域との摩擦を避けるために，公社設立の際にはあくまで担い手育成，すなわち認定農業者への農地や作業の集積が目的だとして合意形成を図っている．

また公社設立に際しては，農協からの資金援助を確保するために農協合併以前に公社を設立する必要があるとして，やや急いだ面があるという．というのも合併農協で公社に助成金を支出しているのは岩美町だけで，合併後では助成金の支出が困難だと考えたからである．こうして公社の当面3年間の（自立するまでの間）運営費を，行政3/4，農協1/4の割合で負担するとしている（その意味で3年が経過する98年度からの経営の自立が公社の新たな問題となりつつある）．

(3) 公社の組織と事業

公社の事業は基本的に農地保有合理化事業と農作業受委託事業にある．が，重要な点は公社を公社内部で閉鎖的に運営するのではなく，認定農業者や行政，農業委員会，農協，普及センターなど，農業に関連する組織や個人と連携して運営している点である．具体的には「企画調整専門委員会」（公社の運営方針），「利用調整専門委員会」（賃貸借と農作業受委託の利用集積・配分や料金設定），「地域活性化専門委員会」（特産品開発や都市農村交流事業等による町農業の活性化）が設けられている．このうち「企画調整専門委員会」は行政，農協，農業委員会，県の出先機関，議会の関係者10名によって構成され，農業公社の運営のみならず「本町農業の現状打開……認定農業者，営農集団，農業生産法人の育成……魅力ある農業，活力ある地域の実現」（委員会規約）を最終的な目的としており，いわば関係組織の意思統一の場として位置づけられている．これに対して「利用調整専門委員会」は農業委員会と認定農業者の代表者11名によって構成されており，農業委員でもある認定農業者が委員長を務める．さらに「地域活性化専門委員会」は各地区の代表者と婦人農業士および認定農業者の各代表，行政と農協の各代表の11名によって構成されている．このように町農業公社の中に地域各層の合

意形成の場が位置づけられている点に大きな特徴がある．

つぎに公社の事業実績を簡単にみると，まず農地保有合理化事業では96年度末で34.1 ha の農地を事業に乗せ，担い手支援という観点からすべてを再配分している．農作業受委託事業は96年度が耕耘6.3 ha，代かき9.3 ha，田植え16.0 ha，刈り取り65.0 ha，97年度が同19.0 ha，19.0 ha，28.0 ha，75.0 ha となっており，作業によっては2倍も増加している．なお，上述のように公社経営の自立が課題となっているが，それを果たすには収益事業が必要である．そこで公社は97年度に県の補助事業でコンバインを導入し，8.6 ha の刈り取り作業を直接受託している．

しかしこうした公社の農地管理事業が簡単に地域に受け入れられているわけではない．その第1は町が推進してきた集落営農との関連である．これまで行政や農業委員会は集落営農，集落全員参加で農地を守る政策を推進してきた．しかし国の新政策が登場して以降，特に近年にいたって認定農業者への農地集積が農政の前面に出ており，その支援を事業の1つとする公社ができたわけである．集落営農はすべての農家への支援を可能とするが，公社は認定農業者だけを支援するので不公平ではないか，という一般農家からの批判が出始めている．第2は農業委員会との関連である．前述のように農業委員会が公社設立の支援母体であった．しかし農地流動化に関しては，窓口は多い方がいいという一般論はあるにせよ，農業委員会と町農業公社の二重組織であるという批判は免れない．こうした批判に対して，現状では認定農業者への集積は公社の合理化事業に乗せ，認定農業者以外の農家への集積は農業委員会の利用権に乗せるとして棲み分けているとともに，集落レベルの掘り起こしは農業委員が担当し，その掘り起こし農地を農業委員と認定農業者の集合体である「利用調整委員会」での検討を通して再配分し，さらに認定農業者が耕作できない農地は将来的に公社が管理するという農地管理システムを形成しようとしている点が注目される．その一方で農業委員会の体制上の問題も指摘されている．すなわち農業委員会事務局長は3〜5年で，また農業委員も3年で交代しており，農地管理のノウハウが蓄積されないという

問題指摘である．公社を設立し，公社内に3つの組織を形成したのも，そのノウハウの蓄積という目的がある．そして第3は(財)岩美農産との関連である．町農協が保有合理化事業を実施していた当時は，合理化事業に乗った農地は基本的に岩美農産に流れており，岩美農産の規模拡大は比較的容易であった．しかし集落営農の推進や認定農業者全員を対象とした公社の合理化事業の実施，さらには前述のような公社自身の作業受託事業への参入という事態の中で，岩美農産との競合関係が強まっている．前述の公社の刈り取り作業の実施に際しては，あくまで認定農業者へのあっせんが中心で，岩美農産をはじめ認定農業者が受託を断った条件不利農地であったり，稲の倒伏した水田，さらに認定農業者が受託した作業で間に合わない場合の支援に徹するという"きびしい"条件で合意をみている．

(4) 公社の機能と地域農業構造政策の課題

　公社が現在果たしている機能は基本的に農地保有合理化事業と農作業受委託（あっせん）事業である．しかし公社の設立を決意させた背景には，農業委員会長のいうように認定農業者でさえ農業後継者の確保が困難であり，中山間地域の農地はもちろん，将来の地域の農地を保全する新たな担い手が必要だという危機感がある．借り手もいない耕作条件の悪い農地（どういう条件の農地まで最終的に守るべきかという問題はあるが）を最終的に維持するところに公共性を見いだしているといえよう．

　ところで岩美町の地域農業振興政策には大きく3つの流れがあった．第1が行政主導の集落農業化であり，第2が農協による農地保有合理化事業とその受け皿である法人農業経営体の設立である．そして第3が町農業公社の農地保有合理化事業と認定農業者への農地集積である．問題はこうした取り組みに一体性・一貫性がみられないということである．前述のように，農業公社の内部に3つの委員会組織が設けられており，農業関連組織や農業者が組織化されているが，この諸組織に，これまで町に欠けていた農業政策の一体性・統一性を形成する場となることが期待されている．推進体制の統合機能

に公社のもうひとつの公共性があるといえよう．

しかし問題は公社の財源である．設立の際，公社の運営費を3年間は町と農協とで補助するが，その後は自立すべきということとなっている．前述のように公社が刈り取り作業を直接受託しはじめたのもそのためである．しかし収益性を目的にした経営を始めれば，第2の岩美農産になることは避けられず，認定農業者と新たな競合を生じさせ，公社の公共性を消失させることとなる．したがって公社の位置づけ（公共性）の確認が，地域の大きな課題であるといえよう．

3. 島根県斐川町

(1) 地域の農業構造問題

島根県斐川町は松江市から約30分，松江市と出雲市に挟まれて位置し，出雲空港が立地する73.3 km²の地域である．この斐川町は日本海に面して広がる簸川平野の中心部にあり，平坦水田地帯として展開してきたところである．しかし1970年代後半に入って工場立地が進められ，労働市場の展開は兼業構造の安定化をもたらした．

農業生産条件については，戦後比較的早期に土地改良事業が導入され，1953-63年の約10年間で町内全域の水田で10a区画の圃場整備と排水事業が実施され，稲作生産力の安定化が図られている．その後さらに77-93年にかけて30a区画へと再整備されているが，この再整備は斐川町の東部地域に集中しており，その結果，10a区画の西部地域と30a区画の東部地域という地域格差が形成され，そのことが後述の担い手形成の条件差となっている．

60年代後半の斐川町の農業生産力構造については，安達生恒編『農林業生産力論』で実証的な調査・研究報告がなされているが，そこでは「稲作の特化係数はなお上昇傾向にあり，農民層の分解による……新しい担い手形成も進んでいない」と総括されている．すなわち「稲作の生産力発展の中心的

担い手であった分厚い中間層は……斐川農業の構造を変革する主体としては機能していない」,「少なくとも当分は農業生産力の新展開を可能にするような構造変化はない」[2]と指摘するのである.60年代は稲作生産力停滞の時代だったのである.

しかし70年代後半に入ると農業構造は大きく変化する.まず農家数の減少テンポが高まり,その傾向が引き続いている.さらに専業農家とともに分厚い担い手として存在していた第1種兼業農家が大きく減少し,同時に専業農家,特に「男子生産年齢人口のいる専業農家」が半減し,95年センサスでもわずか44戸にとどまっている.このように全体として農家数が大きく減少しはじめ,同時に担い手そのものが減少しはじめている.

他方,60年代には未展開であった農地の流動化が急速に進んでいる.センサスによると水田の借地率は1980年の5.6%,1990年の9.7%,1995年の12.4%と急速に高まっており,利用権設定面積も95年度末で281 ha,利用権設定率は11%強となっている.こうした担い手の減少と流動化の進展は,大規模経営の展開をもたらしている.特に5 ha以上の農家数は1980年の1戸から1995年の23戸へと急増している.

ではこうした構造変動を背景に,どのような農業構造を展望しているのか.町の「基本構想」で認定農業者に関する目標をみると,個別経営体が111経営体(うち水稲単作30,水稲＋野菜22)で677 ha(農用地面積2,406 haの55.4%)の農地を利用集積し,集落営農が20組合,600 haを利用することとしている.組織経営体として集落営農が位置づけられている点に特徴があるが,そこには島根県自体が集落営農を推進してきたという背景がある.

問題はなぜ認定農業者と集落営農という,ともすれば対立する経営形態が設定されているのかという点にある.そこでまず,現在の認定農業者35経営の営農類型をみると,このうち「水稲単一」「水稲＋野菜等」の土地利用型経営は18経営で,全体の半分にとどまっている.しかもこの18経営体が東部地域の8集落に集中している.前述のように1970年代に圃場の再整備を実施した地域に,こうした土地利用型の大規模経営が集中しているのであ

第5章　地域農業構造政策と市町村農業公社　　　　　145

る．これに対して圃場の再整備に取り組むことのなかった西部地区では全面的に兼業化が進み，層としての担い手が形成されなかった．そこで行政が考えたのが集落営農による効率的な経営体の育成ということであった．

　しかも東部地域の土地利用型経営が将来的にも安定的かというと，必ずしもそうではない．実は大規模経営の後継者の確保が地域の最大の問題となっている．農業委員会によると土地利用型経営で農業後継者が確保されているのはわずか3戸だけである（後述のように町農業公社の設立の背景にはこの後継者の育成というねらいがある）．

(2)　町農政の問題意識と推進体制整備の経緯
イ）町農政の問題意識

　行政・農業委員会の考えている地域農業の将来像の特徴は前述の「基本構想」でもみたように，個別の認定農業者と集落営農の2つを同時に位置づけている点にある．しかし最大の問題は，何度も繰り返すように土地利用型認定農業者の後継者問題であり，今後さらに増加するであろう貸し手の農地の安定的な利用主体の育成そのものにある．そこで考えられたのが新規参入者を募集して土地利用型農業の新たな担い手として育成できないか，ということであった．後述の農業公社はこの点を意識したものである．これが町農政の第1の問題認識である．

　第2の問題認識は，現在なおまとまりの強さを維持する集落や数集落からなる振興区（戦後の米の供出単位で，集落を基盤にした組織）の活用である．たとえば西部地区で兼業農業が維持されてきたのは単に規模拡大の担い手がいないという理由だけではなく，集落や振興区を越えた「日常的に顔の見えない相手」に農地を貸すことに非常に大きな抵抗があるからだという（畔草刈りや水利等で集落内の他の農家に迷惑をかけてはならないという規範が強く維持されている）．また94年には12.5%だった転作率が96年には23.0%へと引き上げられる中で，これを実施するには集落の機能を利用せざるを得ず，さらに草刈りや水路の維持管理といった地域資源管理という点でもまた

集落に一定の機能が存在しているからである．

ロ) 推進体制整備の経過

斐川町の農業振興の取り組みの特徴として，農業振興体制の整備と担い手の組織化を積極的・系統的に実施してきた点をあげることができる．

特に農業関連組織を統合した農業振興体制づくりの取り組みはかなり早く，1963 (昭和 38) 年の「斐川町農林事務局」の設立に端を発する．これは 55 年の町村合併を契機に，農業関連機関の意志疎通を図りつつ，農家への指導を一本化してわかりやすくすることを目的につくられたという．当時普及所が庁舎内に設置されており，また農協も本所が新築される間庁舎内に事務局が置かれており，農業指導関係者が日常的に顔を合わせて議論していたことがそのきっかけとなっている．この農林事務局は年間 400 万円（町と JA が各 200 万円）の予算を持ち，地域農業の振興方策はこの場で検討され，意思統一されている．この他にも視察研修や農薬試験さらに生産部会育成等の事業を実施している．

また担い手の組織化という面では，まず 1972 年に農協のライスセンター導入を契機に受託者からなる「農作業班協議会」が組織されている．これは農協が導入したライスセンター利用や大型機械リース事業の受け皿で，70 年代後半には 20 班，100 人をこえる規模で，町内の水田の内約 200 ha をカバーしていたという．また町内の作業料金を統一する等の機能も果たしている．しかしその多くが貸借へ移行したり，また農機具の個別所有化が進み，同時に受託者の高齢化（現在平均 60 歳）も進み，現在は 13 班，28 人の組織へ，受託面積も 60 ha 程度に縮小してきている．特にこの受託農家には兼業農家が含まれており，作業受託の担い手問題も危惧されている．

さらに 92 年には農林事務局の農地利用集積の専門機関として「農用地管理センター」が設立され，農協の OB 1 名が専従として配置されている．このセンターの設立構想によると，①農業後継者の不足，②農産物価格の下落と過剰投資による農業所得の低下，③転作問題，④中核農家の農業後継者問題と拡大の限界傾向の 4 つの問題が指摘されており，その解決には「新しい

生産システム」の確立が必要であるとしており，農業生産の大規模化・高性能機械の導入の推進，そのための農地利用調整の主体として，管理センターを設置する必要があるとしている．具体的な機能としては，①農地貸借のあっせん，②貸し手農家の登録，③受託組織や中核農家へのあっせん，④農地集積の推進をあげている．さらに賃貸借のあっせんの対象とする土地利用型の担い手の組織化にも取り組み，認定農業者を含む 75 人からなる「経営者協議会」を組織している（上述の「農作業班協議会」のメンバーとは異なり専業に近い農家によって構成される）．農地のあっせんの実績をみると，92 年は 15 ha, 93 年は 7.5 ha, 94 年には 15 ha となっており，徐々にではあるが拡大傾向にある．

そして 95 年には「集落営農組合連絡協議会」が設立されている（事務局は農協）．協議会はもともと県の補助事業を各営農組合に平等配分するために作られたもので，農機具更新期の補助事業のあっせんを主としている．しかし同時に水田転作の受け入れ体制の確保という機能や，コメ品種再編の受け皿（ときめき 35），さらにライスセンター利用や農協の大口利用者割引の窓口の一本化，集落営農間の意見交流・研修・技術普及といった多様な位置づけが与えられている．

(3) 斐川町農業公社と組織再編

上述の「農用地管理センター」が 94 年 9 月に再編されて設立されたのが(財)斐川町農業公社である．体制は前述の農協 OB の事務局長 1 人と後述の新規参入の研修生だけで，きわめてシンプルである．

設立趣意書は農業公社設立のねらいとして①研修事業による若い農業後継者の育成，②遊休農地の中間保有による活用，③農地集積，作業受委託の農地管理システムの確立，④低コストの中核的農家の育成をあげる．つまり「管理センター」が上げた地域農業の課題を実現する実働部隊として，自らを再編したものだといえる．

公社が実施している事業は②の中間保有農地を利用した①の新規参入者の

研修事業と，③の農地保有合理化事業と農作業の受委託あっせん事業である．前者については，現在4人の新規就農予定者（このうち町内の農家子弟が2人）を受け入れており，中間保有農地4.6 haと3.9 haの稲作受託作業，さらに転作田0.3 ha（タマネギ）を利用した研修が実施されている．

　農地保有合理化事業の農地のあっせん方法は上述の「管理センター」当時の方法を踏襲しており，①地域の農業委員が貸し手の情報を収集し，公社の事務局長が中心となって借り手をあっせんする（農協の営農指導員をしていた事務局長が担い手の状況に詳しい），②具体的には最初に集落内，振興区内を範囲とし，事務局長と農業委員，地元農協役員が調整し，多くの場合この範囲で相手がみつかるという，③しかし借り手が集落内や振興区内にいない場合には，集落・振興区と事務局長が再度相談しながら集落外の借り手にあっせんするというものである．要するに地元集落の農業委員や農協関係者，そして公社が協力して農地流動化を末端で支えているのである．なお実績は95年6.6 ha，96年8.0 ha，97年12.0 haとなっている．また農作業受委託のあっせんは1997年で育苗2.3 ha，耕耘4.0 ha，田植え7.2 ha，刈り取り3.7 haであり，上述の「農作業班協議会」も公社の組織へと再編されている．

　ところで現在，斐川町では米価の下落を背景に小作料をめぐって新たな問題が生じている．その前提として農業委員会の標準小作料と町公社の合理化事業の用いる小作料とが基本的に異なる考え方の上に設定されている実態がある．すなわち，農業委員会ではあくまで土地の生産性に注目した3段階（上田・中田・下田）の標準小作料を設定している．農業委員会ではこれはあくまで標準であって個々の小作料は当事者間で決定すべきものであり，最終的には当事者が納得の上で小作料を決定すべきとしている．これに対して公社では特に圃場区画面積や団地化の程度，乾湿等，機械作業の効率性に注目した6段階の小作料を設定しており，全体として標準小作料よりも厳しく決定される．その上で公社は現地を確認し適切と判断する小作料水準を決定しており，耕作者の立場から積極的に小作料決定に関与している．

　問題は近年の米価下落のもとでの両者の小作料への介入の仕方で，公社は

97年度,耕作者の経営的立場から独自に小作料を全体として3千円引き下げた.その結果当然,一般の利用権設定の耕作者からも農業委員会に対して標準小作料の引き下げと,適切な小作料水準を提示してほしいという要望が出された.しかし農業委員会では小作料の改訂時期ではないために,制度的に引き下げることが困難だとして,最終的には農業委員会の農政委員長談話として「担い手の収益が悪化しているため,小作料を減免してほしい」旨を発表し,地主・小作双方の話し合いによる解決を指導するにとどまった.こうして結果的に二重の小作料が存在するという問題が生じてしまったのであるが,このことは米価変動期の小作料水準のあり方,合意の方法が課題となっていることを示している.

(4) 農業公社の位置づけと地域農業の課題

斐川町の農業構造政策の特徴は,町内各地の農業条件をふまえた重層的な担い手づくりと,政策決定の一元化に支えられた重層的な支援システムの形成にある.町農業公社の位置づけも極めて明確で,新規参入者や新規就農者の研修と農地保有合理化事業,農作業の受委託の推進に集約される.

すなわち将来の地域農業の担い手として,認定農業者のみならず集落営農や新規参入者をも視野に入れた重層的な担い手づくりを目指しており,その支援体制は,認定農業者への農地集積は農業委員会と公社が,新規参入者は公社が,そして集落営農は農協が,というように分担して対応しており,まさに重層的な担い手を重層的な組織で育成するというシステムが形成されているのである.

4. まとめ:地域農業構造政策と市町村農業公社

(1) 自治体農政論と今日の地域農業構造政策

本章では市町村の地域農業政策と市町村農業公社の位置づけ・機能について検討してきたが,こうした市町村の農政については,高橋正郎氏や金沢夏

樹氏, 小野誠志氏らを中心に 70 年代にすでに自治体農政論という形で提起された経緯がある[3]．

この自治体農政論について，たとえば高橋氏は「地域農業の再編という課題は……個々の農家，農業関連機関や団体が……相互に連携し，全体としてそれぞれの機能が調整され，地域農業が一つの単位としてその機能が拡大し……個々の農家の経済的発展がもたらされる……ことにある」「この地域農業のトータリティーの確立ともいえる再編課題について……主体論的に接近するとき……市町村自治体がその再編の担い手としてきわめて重要な役割を担う」「その市町村自治体の行う地域農業への農業施策を"自治体農政"と呼ぶ」[4] としており，市町村自治体の農政に注目して自治体農政論を展開する．そしてその自治体農政の成功事例の中から①独自の地域農業開発計画，②自治体による総合的な指導の下に，地域の農業指導機関が固有の機能を発揮していること，③集落機能を重視した地域コンセンサスの形成と組織化，④市町村の地域マネージメントという，成功の 4 つの要件を抽出している[5]．その上で国の農政との関わりでは「自治体農政とは国の農政の向こうを張って独自の財源と制度をもって単独事業を行うという意味でその独自性があるというのでは決して（なく）……リーダーシップという独自の手段によって（国の農政）を地域農業に創意性と組織性をもっていかに生かし，いかに運用するかという面にこそ，その自治体農政の独自性がある」[6] とする．このように 1970 年代の自治体農政論は，市町村自治体のリーダーシップで農業関連機関を統合し，かつ国の農政を地域適合的に活用する点に特徴がある．

70 年代は水田転作が本格化し，現在からみれば「高額」な転作奨励金が助成されていた時期であり，全国各地で集団的土地利用が取り組まれた時期である．また農政自体が「地域農政特別対策事業」を発足して地域を重視した時代でもあった．さらに食糧管理法も維持されており，農産物の輸入自由化は進められていたものの，国内農業生産がある程度は政策的に追求されていた時代でもあった．こうした国の政策が 70 年代の自治体農政論の背景にあった．

しかし，周知のように現在の地域農政をめぐる環境は大きく変化した．ガット・ウルグアイラウンド合意は農産物の全面自由化時代の到来を告げ，その合意に整合性をもたせるべく米政策も大きく転換しつつある．水田転作は一層強化されているが奨励金は引き下げられ，新食糧法の下では全生産者の転作参加も保証されていない．こうした国の農政の「萎縮」と「自由化」は結果的に多くの農家の経営展望を喪失させ，担い手の空洞化を促進させてきた[7]．また農協組織も広域合併と金融対策から農業生産指導事業が手薄となっている．

こうした国の農政転換は対外的には政策調和的であるが，地域農業には深刻な問題を投げかける結果となっている．前述のように国の農政は一層の規模拡大政策を唯一の生き残り政策として掲げ，経営能力こそがこの危機を乗り切る手段だとして，経営政策に大きくシフトしている．その中で地域農業や地域農政は徐々に後景へと押しやられつつあるように思われる．

こうして現在求められている地域農政と70年代の自治体農政との決定的な違いは，国の農政だけに依存していては地域農業振興・活性化は困難であり，地域独自の農業施策を展開しなければならないという点にある．

本章ではこうした現段階の地域農政を「地域農業構造政策」と表現している．あえて「構造」という言葉を使うのには理由がある．筆者がかつて島根県の横田町農業公社を調査した際，マネージャーである佐伯氏の「横田町では新しい農業構造を作り上げなければ農業は維持できない」という言葉が非常に印象的だったからである．つまり自治体があるべき将来の地域の農業構造を考える，そういう時代にあることを感じたのである．本稿のねらいは市町村農業公社の取り組みを通して，この地域農業構造政策のあり方を検討することにある．

(2) 地域農業構造政策と市町村農業公社

では3つの事例からどのような経験が導き出せるのか，以下整理してみよう．

1) 多様な地域性と重層的な担い手

第1は同じ市町村内に多様な条件の地域を抱え込み，その各地域の条件に対応した政策が求められているということである．調査事例の琴丘町では平坦地に整備完了の水田と未整備水田があり，さらに担い手の欠如している中山間地域も抱えている．岩美町でも平坦水田地域と谷筋にそって存在する山間の未整備水田がある．全域が平坦な斐川町でも担い手のいる整備水田地域と担い手のいない未整備水田の地域が半々を占めている．

こうした地域性は同時に担い手のあり方にも違いを生じさせている．重要な点は認定農業者への農地集積だけでは農地が維持できない地域が多いということである．そこに認定農業者，集落営農，高齢者，市町村農業公社，新規参入者といった重層的な担い手を位置づける必然性がある．

2) 推進体制の一元化と農業構造の合意形成

第2は政策の推進体制の一元化が図られていたり，あるいはその必要が求められている点である．そのひとつの典型が斐川町である．斐川町では1950年代後半から地域農業関連諸機関の統合を図り，共同して政策決定を行ってきた．同時に農作業の受託者や借り手農家といった生産者を組織化するとともに，近年には集落営農をも組織化している．また岩美町では国の新政策以降の認定農業者を軸にする政策と従来からの集落営農を軸とする政策，また農協の特定の農業法人を軸とする政策が混在しており，あるべき農業構造の合意が形成されていないという問題に直面しているが，農業公社の内部に共同で農業施策を協議する場が設けられるなど，新しい動きがある．さらに琴丘町では役場主導の地域農業政策に対して合併農協も共同した政策協議の意志を示しており，今後の取り組みが注目されている．

このように，斐川町のように協議会方式をとっていたり，岩美町のように公社内部に協議の場を設けたりと協議の場は多様であるが，重要な点は関連機関や農業者が地域の農業政策決定に共同して参画・合意することで，将来の農業構造の共通認識が形成されるのである．

第5章　地域農業構造政策と市町村農業公社　　　　153

　こうした合意形成には政策の継続性の確保というメリットもある．市町村の農政セクションや農業委員会には，庁内人事で担当者の異動が激しく，政策が蓄積されないという問題点が指摘されている[8]．この問題点の克服が推進体制の一元化と合意形成によってある程度可能となるといえよう．

3) 市町村農業公社の位置づけと公益性

　事例では市町村農業公社が地域農業施策の最も弱い部分を埋める組織として位置づけられている．琴丘町では山間地域の農地利用と農業振興の実働部隊として，岩美町では関連機関や農業者の統合と将来の条件不利農地保全の実働部隊として，そして斐川町では新規就農者の研修と認定農業者の農地集積の実働部隊として位置づけられている．公社が設立され，こうした位置づけが与えられるのには，既存の国の政策では，地域農業の最も弱い環に対して対応できない，あるいは不十分であるという現実があるからである．その意味で市町村農業公社は国の農政と地域農業問題とのギャップを埋めるものだともいえよう．

　問題は公社にこうした位置づけが付与され，かつ財政等の支援が継続されるには，地域農業にとって公社が公益性をもつことが不可欠だという点にある[9]．では何が公益性を保証するのか．本稿の範囲でいえば，上の(2)で述べた将来の地域農業構造の合意形成と，政策実現の担い手としての公社の位置づけの明確化ということになる．要するに地域の関連機関や農業者が共同して地域農業問題の所在を明確にし，共通の農業構造を模索し，役割分担した上で，農業公社の必要性，役割の合意を形成することである．また岩美町農業公社のように公社運営に関連機関の代表者や農業者が当たるなど，地域に開かれた運営方式を取ることも，公益性を確保する上で重要な手段となろう[10]．さらに農業公社の財政問題もこうした取り組みの上で解決できるのではなかろうか[11]．

4) 県農政の支援と連携

本章では市町村の取り組みを中心に取り上げているが，事例でも見たように県の独自施策が市町村の農業施策を支えている点は見逃せない．たとえば鳥取県や島根県では集落営農や新規参入者支援等の独自の政策を展開しており，それが集落営農の推進や農業公社の機能を引き出す役割を演じている．この県の農政と市町村レベルの農政の関連については今後さらに詰めていく必要があろう．

5) 農地流動化と市町村農業公社

最後は農地流動化と市町村農業公社の関連である．制度的には農業委員会や流動化推進員活動，農協の農作業受委託事業や農地保有合理化法人活動，さらには県公社など，流動化に取り組む主体はすでに多く，実績もある．そうした中でなぜ市町村農業公社が流動化にタッチするのか．中には流動化を促進するというよりも，大分県のように公社の公益性を確保する手段として農地保有合理化法人の資格を取得するよう指導しているところもある．しかし事例から指摘できる点は，公社設立以前の地域の流動化の取り組みが不十分であり，公社が介入したことで活性化がもたらされているということである．琴丘町では農地市場の整序や小作料水準の引き下げという機能を果たしていたし，斐川町では公社が米価変動に対応した担い手重視の小作料政策を行っていた．もちろんそこには農業委員会事務局担当者の頻繁な人事異動や小作料制度上の限界もある[12]．

他方，市町村農業公社が農業委員会や農協の営農指導員の役割を完全に代替できるかというと，それはできない．この点で斐川町のように，農業委員と営農指導員と町農業公社とが集落レベルで連携しながら流動化を推進する取り組みは注目される．要するに当面は，現実の流動化の問題点を共有しつつ，お互いの組織の持つメリットを出し合い，活用しあいながら流動化を進めるということにつきるのである．

第 5 章　地域農業構造政策と市町村農業公社

注

1) 宇佐美繁編著『日本農業―その構造変動―』農林統計協会，1997 年，67-69 ページ．
2) 安達生恒編『農林業生産力論』御茶の水書房，1979 年，228 ページ．
3) たとえば金沢夏樹編『農業経営と政策』地球社，1985 年，の金沢論文と高橋論文，高橋正郎・森昭共著『自治体農政と地域マネージメント』明文書房，1988 年，小野誠志編『地域農業と自治体農政』明文書房，1975 年，がある．
4) 上記『自治体農政と地域マネージメント』，4-5 ページ．
5) 高橋・森，同上書 7 ページ．
6) 高橋・森，同上書 12 ページ．
7) 田代洋一氏は『食糧主権』（日本経済評論社，1998 年）において，現段階の農業問題を多国籍企業帝国主義段階の農業問題と表現している．
8) 田代，同上書 267 ページ．
9) 田代，同上書 265 ページ．
10) 小田切徳美氏は市町村農業公社について，第三セクターの民主的統制が必要だと指摘する．また氏は市町村農業公社の統合型農業公社への移行・発展を傾向として指摘するが，本稿では発展段階としてではなく，市町村の地域農業構造政策に規定された公社の機能を重視する課題性視点から整理したものである（小田切徳美「公社・第三セクターと自治体農政」，小池恒男編著『日本農業の展開と自治体農政の役割』家の光協会，1998 年）．
11) 市町村農業公社の財政問題については，長濱健一郎「市町村農業公社の現状と課題」，『都市と農村を結ぶ』No. 548，1997 年が詳しい．
12) 標準小作料制度をめぐっては廃止すべきであるという意見もあるが，たとえば事例の斐川町で引き下げを主張する認定農業者の意見をみると，それは農業委員会に米価に見合った適切な小作料水準を，標準小作料として提示してほしいというものである．農業委員会の廃止ではなく，その存在を認めたうえで適切な基準の提示を求めているのである．

補論　市町村農業公社と集落営農・土地利用型経営

1. 斐川町における地域農業構造政策の現段階

　前述のように，斐川町では土地利用型農家の後継者問題が生じる中，集落営農づくりを推進しながら，農業公社が耕作放棄農地を保全し，同時に新規参入者を育成する政策が進められていた．

　その斐川町農政は 2003 年以降，「斐川町農業再生プラン」を掲げ，新しい段階に入っている．「新たな米政策改革大綱」や「品目横断的直接支払い制度」の導入という国農政の大転換とも重なり，斐川町農林事務局は新たな地域農業政策にチャレンジしているのである．

　以下では，町と農業委員会，農協，農業公社，普及センター，土地改良区から構成される「斐川町農林事務局」の地域農業支援システムと，その下での集落営農の現状について紹介しよう．

(1)　「斐川町農業再生プラン」の策定
1)　町の問題意識

　「斐川町農業再生プラン」の策定は 2002（平成 14）年度末に始まった．問題意識の第 1 は，担い手の空白地域を中心に，担い手の明確化・集落ビジョンづくりに取り組むというもので，63 振興区中，担い手の明確ではない 23 振興区で取り組まれた．担い手とは，集落営農型，担い手集積型，生きがい・楽しみ農業の 3 タイプである．町としては担い手集積型ではない地区に対しては集落営農の設立を基本として指導している．

　第 2 の問題意識は，土地利用型農家の農地分散であった．当時，土地利用

型認定農家が20人いたが，相対で借地したり個人で利用権設定するなど，圃場分散がひどく，規模拡大の阻害要因となっていた．そこで，担い手ごとに耕作地域をゾーニングし，借地の交換分合など農地の利用集積を進める必要性が高まっていた．

こうして「再生プラン」は，集落営農の推進と土地利用型農家への団地的利用集積という，2つの大きな課題に挑戦することとなった．

2)「アグリプラン21」と「斐川町農業再生プラン」

「斐川町農業再生プラン」に先だって，斐川町の農業振興計画として「斐川町農林事務局」が1997（平成9）年に策定したのが「アグリプラン21」である．ポイントは担い手の方向と生産振興の在り方である．担い手では「多様な担い手」が謳われ，①地域リーダーとしての認定農業者の育成，②持続的産地（生産）・安定した地域社会・地域文化の伝承が可能な集落営農組織の育成，③兼業農家や女性・高齢者の重要性と支援，④町農業公社による農地管理の推進，が強調されている．生産振興では消費者に愛される①ひかわ米，②斐川たまねぎ，斐川キャベツ，ブドウ，③チューリップ，施設切り花，鉢花，④施設野菜づくり，といった戦略的作物振興とともに，地産地消を推進するとしている．また全農家が参加しての生産調整への取り組みが強調されている．

これに対して「再生プラン」は「アグリプラン」実現の運動ということができる．振興区を単位とする話し合いの推進である．振興区単位の話し合いは03（平成15）年度にも継続され，翌04（平成16）年から開始されようとしていた「新たなコメ政策改革大綱」への危機感もあり，積極的に進められた．推進に当たっては，農政課，公社，JA農業振興課が各担当を出して「毎月1回は会議を持とう」を合言葉に，担当を集落ごとに張り付けた．当初は農業委員会が中心となっていたが，翌年からは土地利用調整への動きが軽い農業公社が中心となった．

話し合いに当たっては，①国農政の考え方（米政策の転換・産地づくり交

付金制度と過剰米処理・担い手要件・農業特区構想),②地域農業の問題点(担い手が不明確な地区・担い手の高齢化・担い手の農地分散・賃貸借における除草管理問題・多様な担い手間の役割分担),③町の提案(地区ごとの問題整理・担い手のリストと担い手づくりの提案・農業公社によるサポート・農地集積と管理の提案),の資料が「農林事務所」から提示される.この資料をもとに,担い手の在り方が地区を単位に全農家で話し合われることとなる.

(2) 斐川町農業公社の農地管理と組織再編
1) 農地管理の強化―農地の団地化と土地利用型経営の規模拡大―

農林振興課によると,公社が土地利用型農家の団地化に取り組み始めたのは,「再生プラン」の前年,01 (平成 13) 年のことだったという.そこで 5 ha 以上の農家を対象に「土地利用型農家協議会」を設立し,約 25 名の農家を組織した.公社が事務局となり,各農家の農地を地図上に落とし,各農家の拠点地帯を考慮して各農家が規模拡大する地域をゾーニングし,ゾーニングから遠距離の農地を対象に,特に相対契約の農地をターゲットに合理化事業に切り替え,農家間の借地を交換分合し,団地化していった.この種地となったのが,公社が持っていた中間保有農地であったことは言うまでもない.

こうした取り組みの中で保有合理化事業が大きく伸びる.すなわち,01 (平成 13) 年にはわずか 62 ha だったものが,06 (平成 18) 年 1 月には 250 ha へと急増している.利用権設定面積が 590 ha であるから,その半分に届く勢いである.「公社が農地をまとめてあげますよ」「小作料も徴収しますよ」というのが効いた,という.ちなみに,両者の合計は 840 ha で町水田面積の 35% にも及ぶ.

このような農地賃貸借の進行の中で,04 (平成 16) 年度には標準小作料も大きく変更されている.3 つのポイントがある.第 1 は水田の具体的形状を点数化して小作料を 4 段階にした点で,①区画面積,②整形か,③整備済みか,④農道の幅員,⑤パイプライン化,⑥畦の高さ,⑦土質を点数化し,そ

の合計点で3千円，5千円，8千円，1万円の4段階を設定している．第2は管理加算で，貸し手である農地所有者が畦草刈りを実施した場合に，小作料に5千円を上乗せするものである．第3が面積集積加算で，契約期間5年以上を前提に，①5ha以上団地化で30％，②3ha以上団地化で20％加算，③1ha以上団地化で10％加算するというものである．こうして借り手と貸し手の双方の事情を加味し，しかも団地的な集積が誘導できる小作料設定が試みられている．

さらに，その前年末には「米政策改革」を目前に，産地づくり交付金の地主・耕作者間の配分のルール化を行っている（転作作業受委託の事務局はJAが担当している）．すなわち，麦・大豆2作の団地化を前提に，地主（委託者）が基本助成金・団地化加算・作物作付助成の計2万5千円を，耕作者（受託者）が品質向上加算3万円を受け取ることとし，さらに地主は転作代行栽培委託料として耕作者に5千円を支払うこととしている．要するに地主2万円，耕作者3万5千円で，生産物は耕作者が受け取ることとしている．こうして転作を実施する担い手に有利な配分方式を取ることで支援している．

こうした政策展開によって，土地利用型経営の規模拡大が進んでいる．特に大規模な4経営を事例にみると，05-06年の1年間だけでも，経営耕地と3作業受託合計で，74ha→82ha，60ha→62ha，20ha→42ha，81ha→94haへと規模を拡大している．特に兄弟で法人経営を営む90ha規模経営の出現が注目される．営農類型については「あくまで米・麦・大豆の水田農業で，野菜などの複合化は志向しておらず，さらに規模拡大意向が大きい」（農林課）ということである．しかも，近年は規模拡大を契機に農業後継者が増加してきたという．土地利用型の28経営のうち8経営に40歳代以下の若い農業後継者が確保されている．

2）農業公社の再編―（有）グリーンサポート斐川の設立―

有限会社グリーンサポート斐川は，03（平成15）年7月に設立された．出

資金1千万円の農業生産法人で認定農業者でもある．町とJAが折半して950万円を出資し，残りの40万円を公社が，10万円をグリーンサポートの非常勤取締役を務める公社経理担当職員が出資している．農林課や公社は「グリーンサポート斐川は公社から独立ではありません，町と農協等が出資した会社です」としており，公社が農地管理の担い手として設立されたことを強調している．

設立の理由は，中間保有農地が増加する中で生産物を販売するためには経営として独立させた方がよいということであった．とはいえ，研修中の新規参入希望者を雇用して公社が耕作し続けるにはあまりにコスト（町財政負担）がかかり（現在は研修事業は中断），また公社では転作奨励金の対象とならず，そのため中間保有農地管理部門を切り離し，自立させる必要性があったものと考えられる．

グリーンサポートの職員は32歳の研修終了者1人だけである．経営面積は8haで，事業としては後述の育苗受託と，緊急事態（病気やケガ）の生じた農家への作業支援が加わる．農機具の多くは公社が所有しているものを無料で利用しており，自前で所有する機械も県と町の助成を受けている．それ以外の町や公社からの補助金はない．

しかし8ha規模では経営基盤としては弱い．実は当初30haを経営していたが，規模縮小してしまった．それは，前述のように土地利用型農家の団地化が進む中で，規模拡大可能性が高まったことで公社への農地配分要求も高まり，中間保有農地を「はき出した」ためである．担い手農家の規模拡大が進むことは喜ばしいことであり，公社の農地集団化支援対策の成果として評価できることである．

しかし中間保有農地の縮小はグリーンサポートの規模縮小である．しかも残された農地は圃場条件が悪く，分散した農地である．この問題については農林課は「グリーンサポートが経営として生き残るには最低でも15haが必要である．今後も担い手が特定できない地域から，さらに合理化事業に乗せたいという農地が出てくるはず．それに期待したい」という．

3) その他の公社事業

農地保有合理化事業以外の公社事業には①JA育苗施設（所有は町，経営は農協）の管理運営の受託，②ブドウ生産グループへのハウス貸し付け，③農作業受託，といったものがある．

このうち①については，委託のとりまとめ・代金徴収の事務を定額で公社が受託し，育苗作業そのものはグリーン・サポートに再委託している．約200戸，3万箱になるが，集落営農体制が整備されてきたために，04（平成16）年からは委託数量が減少してきたということである．とはいえ，これが公社の大きな収入源であり，財政を支えている．②は，合理化事業で集積した2haの農地に県公社リース事業を利用したハウスを建設し，出西地区の10戸の農家からなる集団に貸し付けているものである．③は，公社が事務局として受託したものを，前述の「農作業班協議会」（現在は12戸，うち認定農業者6戸，非認定の大型農家6戸）が作業受託するものである．05（平成17）年で刈取り35 ha，耕起・代かき7 ha，田植20 ha，畦塗り3.6 kmという実績だが，集落営農体制が整うことで委託面積は縮小傾向にあるという．しかも公社とグリーンサポートにとっては条件不利農地の受託が回ってくることとなり，必ずしもメリットはない．

こうして町農業公社の積極的な取り組みによって，土地利用型認定農業者の団地的農地利用集積と規模拡大支援という，町農政の課題の1つは克服されつつある．しかし，優良農地が担い手に集積された後に残る条件不利農地の管理は，公社とグリーンサポートに重くのしかかっているのである．

(3) 集落営農の設立状況

現在設立されている集落営農は30組織で，大区画圃場整備を契機に設立された西部地域のみならず，70年代に30a区画整理された東部地域や圃場条件の悪い南部地域でも取り組みが進んでいる．これら30組織の経営耕地面積の合計は760 haになり，町の全水田面積の33％に当たる．20 ha未満の比較的小規模な集落営農もあり，今後の組織再編の可能性が予想される．

類型別に見ると，法人経営は1組織のみである．協業型が23組織，機械共同利用型が7組織となっている．町では順次，協業化と特定農業法人化を進めたいとしている．

　また，担い手の空白地帯が町の3割以上を占めていることから，さらに集落営農を推進し，目前に迫る品目横断的直接支払いに備えたいとしている．

(4) 担い手の現段階―集落営農と土地利用型経営―
1) 集落営農―3つの事例から―
イ）農事組合法人あかつきファーム今在家

　今在家地区は2振興区4集落，80戸の農家からなる地区で，1992（平成4）年の大区画圃場整備事業を契機に，集落営農に取り組んだ．2003（平成15）年3月には農事組合法人となり，特定農業法人・認定農業者に認定されている．一部に小区画の水田もあるが，多くは1ha以上，最大2.7ha区画が3枚ある．要するに共同化を前提とした区画づくりである．すでに利用権設定していた農家もいたが圃場整備時にすべて解約している．

　法人へは戸数割りとして1戸2万円，面積割りとして10a1万円，計900万円が出資されている．また理事9人のうち，50～60歳の5人が常時従事者である．さらに出雲市出身で農林高校を卒業した19歳の青年がJAの紹介で，05（平成17）年7月から「ファーム」で研修をしている．

　「ファーム」には営農部・機械部・総務部・ブドウ担当・イチゴ担当の諸組織からなる．そして地区には法人化を検討する過程で設立された「今在家農業推進会議」がある．これは将来も安定した農業経営を法人が行うべく，その検討のためにつくられたもので，各集落から3人，計12人で構成される．これに県アドバイザー，役場，JAが加わっている．ここで計画されたのが「ブドウとイチゴの観光農園づくり」であった．法人化することで「単なる出役者意識」から脱却し人材を養成する，その手段として観光農園が提起されたという．そこで，常時従事者のうち3人を専従者として，ブドウとイチゴに配置し，他の理事と組合員が作業を手伝う体制をつくっている．

「ファーム」では水稲と麦・大豆，ブドウとイチゴの他に町の給食施設向けの野菜を生産している（03年～）．タマネギとキャベツを中心に，10数種類に及ぶ．これを一手に管理しているのが前述の研修青年で，「できれば将来のファームの専従者に育てていきたい」という．

出役調整は，営農部が組合員ごとに出役計画（依頼）を出し，出役できない申し出があった場合のみ調整している．基本は10a当たり7.5時間（1日分に相当）の出役である．この面積割り出役という考え方は，実は配当方法とリンクしている．

法人化以前には，米価もある程度維持されており，出役賃金も決して高くない（オペで時間当たり1,200円，一般で1,000円）ために，面積配分される配当が非常に高かった．そのため，自分は出役せずに他人に出役してもらう方が得になるという事態が発生していた．この不公平の是正措置として，①土地配分は標準小作料と同額の10a当たり1万円とし，②出役賃金を差し引いた後に，さらに内部留保900万円を差し引き，③残りを出役に応じて配当する（従事分量配当）方式へと改めた．つまり全農家が，所有面積に応じた出役をすれば公平となる．そのため，上述の所有面積に応じた出役計画がつくられるのである．出役の実態については，「高齢者しか出役できない世帯もあるが，いずれはお互い様，という農村の助け合いの精神で，特に不満はない」という．

しかし問題は水と施肥の管理作業である．現在は適任の人材を選定して区域ごとに用水委員として配置し，役員とともに作業指導をしているが，①単収が伸びず，②稲作技術の後継者が育たない，という問題に直面している．要するに出役は確保できても，稲作技術の担い手，核となる人材が育たないのである．

もう1つの問題が大豆の単収増と安定化である．目標は300kgだが，平年で250kg，05（平成17）年には130kgにとどまった．「技術のポイントを模索中」という．

他方，活性化の取り組みは進んでいる．4月の土日2日間に実施するチュ

ーリップ祭りには2万人の市民が押し掛ける．球根付きの花を買ってもらうもので，テントの出店やカラオケなども地域住民全員の参加で行っている．役場も町の活性化の1つとして位置づけ，シャトルバスの運行などの支援をしている．

今後は直売施設の整備を進めたいとしている．コメはもちろん，ブドウやイチゴの加工品，「ファーム」や各農家が生産する野菜など，地区全体の商品化の場づくりを目指している．

ロ）上直江北部営農組合

本営農組合は，それぞれ別の振興区に属すものの，隣接する大島集落と伊波野東集落の計46戸の農家から構成される．全農家が兼業である．振興区は別々でも，同一の小学校区で，農家同士は良く知っている間柄なのだという．面積は34.5 haである．

集落営農の取り組みは，大区画圃場整備を契機に95（平成7）年に，大島集落から始まった．大島集落では圃場整備の事業費の負担軽減と将来の担い手づくりを目的に，後継者である青年層が中心になって組織作りが推進された．親たちには「10年後20年後に農業ができるか」「共同化すれば省力化もコスト削減もできる」ということで，1年半をかけて説得したということである．親たちの「赤字になったらどうする」という心配も，今在家地区の実践によって払拭できたという．最終的には公共用地を共同減歩で捻出することで償還できている．

その後，04（平成16）年の10周年を迎える直前に，役員の1人（農業公社の職員を務めている）が，振興区長を務める伊波野東集落の友人に声をかけ，両集落を含む新営農組織がつくられた．大島集落の水田は18 haしかなく，20 haという直接支払の基準に満たなかった．また個別経営を続けていた伊波野東集落も「先行きが見えていた」状況で，「声がかかったときに踏み切らないと集落営農はできない」という役員の危機感があったのだという．

現在は任意組織で特定農業団体に認定されているが，法人化に向けての検討がすすめられている．全戸参加だが出資はなく，運転資金や施設整備の近

代化資金は組合長が借り入れ，役員が連帯保証している．

　組織は総務部と営農機械部からなり，作業全体を営農機械部が仕切っている．出役は所有面積に応じて計画・配分される．全員が兼業なので，土日中心の作業体系をとっている．トラクターは60歳前半までの男子全員がオペになる（全員で大型特殊の免許を取った）が，田植機・コンバインは壊れないように6人のオペに限定している．

　出役賃金はすべて時間当たり1,000円で，地代はゼロである．内部留保もなく，配当は面積配分である．そのためにも面積割りの出役という原則を守る必要がある．

　生産しているのはコメ・麦・大豆・タマネギ・キャベツで，かつては県内一位と表彰されたこともある大豆の単収の急低下（80 kg）が最大の問題である．また米価下落が懸念される中で，稲作の意欲も低下しているという．総会では「品質向上・単収増大」「自分の田と思え」「配当に響くぞ」と訴えるものの，臨機応変に対応はできないという．こうした中，集落営農の発想を変えようと，後継者である50歳代を役員に登用することも検討されている．

　地区の活性化では女性部の設立がすすめられている．法人化後には加工と販売・直売に力を入れるが，それを女性に担ってもらおうというのである．昨年には女性たちの手で生産された大豆を利用した豆腐づくりが行われ，全世帯に配布して喜ばれたという．地区の活性化も集落営農の役割だと強調する．

　ハ）おきす営農組合

　おきす営農組合は同一振興区にある瑞穂・昭和・東島の3集落，計42戸（小規模な5戸が非加入）からなる60 haの組織である．組合には3戸の認定農業者がいるが，いずれも園芸や畜産が主体で，ほとんどが兼業農家である．昭和56年には30 a区画の圃場整備が実施されている．

　各集落とも協同の歴史を持っており，例えば瑞穂集落では生活改善の共同炊事，昭和・東島では協同防除が行われていた．またJAのカントリーエレ

ベーターが設置されてからは各集落で作業班が設けられ，近年は転作作業組織にも取り組んでいた．

こうした中，2002（平成14）年に，転作として各集落で栽培しているひまわりを共同で取り組むこととなった．「農林業振興事務局」が農業再生プランを提起していた時期とも重なり，翌年から始めた「ひまわり祭り」をバネに，国の担い手対策の規模をクリヤーする必要もあり，04（平成16）年9月に合併している．

組合組織は総務部と営農部からなる．理事9人のうち40歳代が2人，50歳代が1人と，若手を起用するように配慮している．現在は任意組織で，出資金もない．JAに営農総合口座を設け，運転資金は一時的にJAから借り入れている．

生産物はコメ・麦・ひまわりで，宍道湖に接するために水位が高く大豆が生産できないことから，ひまわりが導入されている．ひまわりはJAに販売され，JAがひまわり油を生産，販売している．このひまわりの絞り粕と畜産農家の組合員が提供する堆肥を混ぜて3haの水田に還元し，JAが「ひまわり米」として販売している．

05（平成17）年の場合，コメの単収が計画を下回ったために，必ずしも満足ではないが，10a当たり3.3万円を配当している．役員報酬も内部留保もなく，収益のすべてを配当している．

出役は面積割が基本である．時給は1,200円．若者も出役するが，退職者に偏りつつある．畦畔管理は全農家が実施するが，水管理は6人に，育苗は12人に任せている．なお，42戸中6戸が出役できず（公務員や高齢者），組合員でJA職員である農家が借地して「農地の外部流出を防いで」いる．その借地については「面積は10haで組合の利益の源泉」ということで，借地のもつ経営的意味は大きい．

地区の活性化として取り組んでいるのが盆過ぎに行う「ひまわり祭り」である．3万人の客が訪れるということで，飲食や直売の出店など，地区をあげて開催している．また5kgの種を届ける「ひまわりオーナー制度」には

56組の市民が加入している．さらに地区の女性数人が国道沿いで農産物直売の「ひまわり市場」を毎日開いている．

　組合の問題点の第1は稲作の安定化である．特に水管理がポイントで，6人の担当者の経験が浅いために，初期の水管理が不十分なのだという．「コメでしっかりと稼がないと経営が大変なことになる」として，この改善が来年度の大きな課題だという．第2は法人化で，後継者を確保するには避けられないとしている．そのためには収益の確保が前提であるが，ひまわりは10a当たり2万円しかならず，1千万円の交付金があっての話であり，今後は他の作物への転換も検討するという．また法人化後には周辺集落からの借地拡大が必要だが，土地利用型農家との競合が予想され，その調整も必要になるという．

2) 土地利用型農家の問題点

　「土地利用型農家協議会」前会長は69歳で，町南部の集落で10haの水田を経営している．自作地は1.3haで経営耕地のほとんどが借地である．農業所得については，稲作の収支はトントンで収入にはならず，転作交付金と作業受託料金が収入源だという．程度の差はあっても，こうした状況が斐川町の大規模経営の実態だという．

　公社が中心となっている農地の集団化については，8haまでは貸し手の選択を希望する地主の意向もあって交換分合せず作業できるが，機械の大型化が進む中で，さらに規模拡大するには団地化が不可欠であるという．特に専業農業をめざす若手にとっては30ha近くまで拡大する必要があるので，団地化の意義は大きいという．

　集落営農との関係については集落営農の重要性を指摘する．逆に個別農家の拡大については「大規模農家はあまりに忙しく，地域社会の役を任すことができない．そのために社会を知ることができず，自己中心的な人間になってしまう」と問題点を指摘する．

　また農地の貸し手についても「農業に全く無関心となり，地域の農家とし

ての連携がなくなってしまう」「集落の常会でも転作の話題になると"その話はやめてくれ"といわれる」「地域の神社の氏子をやめたいという貸し手も出てきた」ということで,「担い手になったとたんに,集落で孤立してしまう」という.

要するに集落営農は農家が支え合うことができるが,個別拡大農家は誰にも支えてもらえないというのである.また地域社会の維持という点でも,一部の担い手に農地が集積してしまうことは問題だというのである.その意味で,集落営農と共存しながら町の農業を担い,「土地利用型農家協議会」が担い手同士の支え合いの場となることを期待している.

(5) 地域農業再編と農業公社

近年の斐川町における取り組みのポイントは,地区レベルでの担い手に関する合意形成を徹底している点である.またその前提として,関係機関が一体となっている「斐川町農林事務所」が,集落営農と土地利用型農家が共に存在する斐川町農業の将来方向を明確に示している点も重要である.

そして農業公社とグリーンサポートは,地域農業構造再編戦略の重要な担い手として位置づけられる.地区合意形成推進の事務局(推進),農地保有合理化事業(調整),条件不利農地管理(担い手)である.土地利用型農家の規模拡大意欲の増大や,集落営農の増加や村づくりへの発展という形で,その成果が見え始めている.

しかし,地域農業は新たな局面を迎えている.集落営農では単収増や営農技術の継承,さらに経営を担う人材の確保など,経営体としての充実・継続性という課題が浮上している.また土地利用型農家では集落内での孤立という問題が指摘されている.両者に共通するのは経営体としての内実強化と,地域の農家間の共同を維持することの両立をいかにして実現していくかという課題である.経営とコミュニティの相互発展の課題ともいえよう.

2. 阿武町における地域農業構造政策の展開

(1) 地域の概要と農業構造問題

山口県阿武郡阿武町は萩市の東部に接し，日本海に面する地域である．町は旧奈古町，旧宇田村，旧福賀村の3地域からなり，①旧奈古町は日本海に面する地域で，総兼業化が進み，自営の大工が多く，農地は棚田が多くを占めている．②旧宇田村もまた日本海に面する総兼業化した地域で，農家経済は半農半漁で，水田のほとんどが棚田である．③旧福賀村は内陸部に位置し，盆地状の比較的平坦な水田をもつ地域で，町内の最も中心的な農業地帯である．

阿武町では近隣町村と協力して，むつみ村302 ha，阿武町227 ha，四万川町66 ha，須佐町10 ha，計605 haの農地整備事業からなる「山口北部地区・国営農地再編整備事業」を実施している．阿武町では後述の宇生賀地区とともに，旧奈古地区や旧宇田地区の多くの小規模な棚田が整備されている．

このように小規模零細，しかも棚田等の中山間地域を抱える農業地帯であるが，町では農業振興の「戦略作物」として水稲，スイカ，白菜，ほうれん草，キャベツ，たまねぎ，花卉，梨，キウイ，葉たばこの10品目をあげている．このうち販売額が特に多いのが，水稲 (281百万)，梨 (83百万)，スイカ (72百万)，ほうれん草 (49百万) である．しかし農業の担い手の高齢化が進む中で，重量作物であるスイカにも限界がみえており，ほうれん草のような軽量で収益性の高い作物の推進が検討されている．

この阿武町には現在22名の認定農業者がいるが，このうち旧福賀村に21名が集中している．しかもそのうち12名が後述の宇生賀地区に存在している．

その認定農業者の営農類型をみると，稲作を基幹とする認定農業者は複合経営を含めても2名にとどまっており，ほとんどは野菜等を中心とする集約的な農業経営である．稲作では所得の確保にならず，基本構想における認定

農業者への利用集積目標もわずかに20%である．農地の条件もあるが，所得確保のための稲作の位置は低い．

その基本構想では①施設園芸を導入する担い手農家（スイカやほうれん草）が増加しており，特産化を図ること，②土地利用型農業の担い手不足が深刻化していること，③機械の更新や世代交代を契機に急速に農地の流動化が進む可能性が高いこと，④認定農業者の目標として，1戸当たり農業所得500万円，農業従事者1人当たり350万円を目標とすること，⑤農業公社を設立し，集落段階における将来展望と担い手の姿を明確にする話し合いを進めること，⑥農業公社の調整の下に有限会社「ドリームファーム阿武」を設立し，農地管理の担い手として育成していくこと等が記載されている．④⑤については以下で具体的に紹介するが，ここではさしあたり，認定農業者の目標所得水準を低めに設定しなければ，現実には目標達成が困難であること，そして今後急速に進むであろう農地の貸し手の出現とその受け手・担い手問題の深刻さ，さらに集落をベースとした農地保全の検討推進といった点に注目しておきたい．

ちなみに，町では93（平成5）年3月に全農家を対象に意向調査アンケートを実施し，その結果から「農業従事者が5年後には2割減少し，半数以上が60歳以上」「4割が農作業委託，8人に1人は全面委託」というコピーを掲げ，地域農業の危機的状況をアピールしている．具体的に見ると，①「5年後の農業従事者」は，1,518人から1,244人に減少し，その52%が60歳以上となってしまうこと，②「経営耕地面積」では29%の農家が縮小・離農を希望していること，③「農地貸借」では32%の農家が貸したい・貸しても良いと回答していること，④「稲作作業委託」では21%の農家がすでに，5年後にはさらに28%の農家が委託したいとしており，合わせると40%が委託することとなる，ということであった．

(2) 地域農業システム構想

そこで町が構想したのが，前述の基本構想にも記載されているような，農

業公社，(有)ドリームファーム阿武，集落営農，無角牛振興公社による地域農業組織化であった．

1) 農業公社

阿武町農業公社は任意団体で，事務局は産業課に置かれ，職員が兼務している．事務経費として毎年町と農協から各10万円，合計20万円の助成を受けている．当初は公益法人化も検討されたが，出捐金1億円が「塩漬」となってしまうことから，最終的には任意団体とされた．

事業は①農業振興対策，②農作業受委託のあっせん，③水田営農活性化対策，④後継者等の確保，⑤農業機械化銀行，⑥土地利用調整システム，⑦都市との交流，⑧その他必要な事項，となっている．こうしてみると，まさに産業課の農政担当業務とほぼ重なる．ではなぜ農業公社なのかというと，ポイントは②の農作業受委託のあっせんと⑥の土地利用調整にある．農地保全の重要性をアピールするねらいである．

作業受託の流れは，①農家が農協を通して作業委託の申し込みを行う，②農業公社がこれを受けて整理し，作業を受託する個人や組織，そして（有）ドリームファーム阿武にあっせんする，というものである．

実際には，委託希望農家は，まず相対で相手をみつけている．これが圧倒的に多い．しかし受託の相手がみつからない場合に，農業公社に申し込みが来る．こうした農地は一般に条件が悪く，結局はドリームファーム阿武が受託することになっている．

2) (有)ドリームファーム阿武

(有)ドリームファーム阿武は96（平成8）年に，町が500万円，農協が490万円，そして従業員2名が10万円を出資して設立された農業法人である．設立の中心になったのは役場産業課である．従業員は常雇い2名で，1人は50歳で以前は土建中心の兼業農家だった．もう1人は38歳で梨生産農家の後継者である．

業務は水稲の4作業受託で，01（平成13）年～02（平成14）年の実績をみると，①春作業が5～6ha，②秋作業が20haである．労働力的に見て事業規模は小さいが，圃場の分散が大きく，作業的にはいっぱいである（作業料金は役場・JA・受託代表とが話し合って決めている）．さらに③無人ヘリを利用した防除作業が100ha，さらに④無角牛振興公社の堆肥施設管理が加わる．実は収入源のほとんどを③④に依存している．したがって地域農業貢献として期待される①や②の業務は，経営的には負担となっている．補助金の代わりとして①と②に係る農業機械は，町と農協が所有するものを無償貸与して支援している．ただし，今後の農機具の更新を自前ですることが，設立時に議会から出された条件であった．

しかし，町内では作業委託から，農地貸し付けへと移行する農家が出ている．その多くが中山間地域の棚田等の条件の悪い農地であり，しかも分散している．産業課としては農作業受委託にとどめ，定住と農地保全を一体として進めたいとしているが，イザという場合の借地も避けられない．こうして地域貢献と収益性改善の狭間にあって，経営体としての自立（特に農機具の自己更新がポイントだという）か，地域貢献かという選択が迫られている．

3）集落営農

こうしてみると(有)ドリームファーム阿武が地域農業を支える持続的経営体として確立され，同時に公益的機能を発揮することは事実上困難である．この問題については産業課もはっきりと認識している．では地域農業を支える最後の砦は何か．それが集落営農である．農政課は「1～数集落の集落営農が担い手の基本」「それまでのツナギがドリームファーム阿武だ」あるいは「集落営農が担い手像のゴールだ」「国農政が推進する，認定農業者への農地利用集積という構造政策はこの地域には適用できない．逆に農地に責任を持たない離農世帯だけが増えて困る」という．

そして期待する集落営農の町内第1号が，後述の宇生賀地区「宇生賀農業生産組合」であり「農事組合法人・埋もれ木の郷」である．

4)「無角牛振興公社」

阿武町を含む周辺市町村には,「無角牛」という特殊な和牛が飼育されてきた.近年,その飼育農家と飼育頭数が減少してきた危機感から,産地維持を目的とした「無角牛振興公社」が,県・JA・管内8町村の出資で運営されている.ここでは250頭の繁殖牛が飼育されており,その子牛を肥育している.事務局は阿武町内に置かれている.

問題は糞尿処理で,年間800トンもの堆肥が生産されている.その堆肥生産管理を上述のようにドリームファーム阿武が受託しているのである.町としては有機農業を推進すべく,利用者に対して堆肥購入代金の半額を助成している.要するに堆肥利用の促進を通して,ドリームファーム阿武の収益部門をつくり出す「一石二鳥」である.

(3) 流動化の実態と集落営農の位置

このように町の農業政策としては農地流動化よりは,集落農家参加の集落営農を担い手とする農業構造を選択しているが,農地流動化はすでに進んでいる.01(平成13)年のストックで,町の水田約600haのうち220haという膨大な量がすでに流動化=賃貸借されている.地域別に見ると,特に奈古地区の賃貸借が多く,「離村した不在地主が隣の農家や親戚の農家に借りてもらうケースがほとんど」だという.このため「貸し手も多い(380戸)が,借り手も多い(214戸)」のである.要するに仕方なく,みんなで借り支えている.そして借地農家の本音は「借地よりも受委託の方がもうかる」「草刈り・溝さらいが困るから借地はしたくない」ということである.

したがって現在の借り手が高齢化していく中で,「これ以上農地が貸し出されては,借り手=受け手問題が深刻化する」というのが,町産業課の危機感である.「集落の農地は集落で守る」「最後は集落営農」「ドリーム・ファームは将来へのツナギだよ」というのも,こうした現実があってのことなのである.

最後に,町は農業後継者対策として以下の点を強調している.第1は上記

の「農地を貸してしまうと，農業や地域と関係のない人になってしまう」という問題点である．地域農業と関連が切れてしまうことの懸念である．そこで第2に「兼業でも楽に稲作ができる仕組みとして，集落営農を推進したい」という．そして第3に「集落営農に参加して，徐々にでも農地への愛着が湧いていけば地域に残ることになる」という．定住の促進である．

（4）宇生賀地区における集落営農の取り組み
1）宇生賀地区の概要
イ）宇生賀地区の位置と農業

宇生賀地区が所属する福賀地区は，町内でも最も山間地域に位置する地域であるが，水田は比較的平坦である．海岸部の棚田と比較して条件的には恵まれ，町内の農業中心地帯を形成している（認定農業者のほとんどがここに集中していることは前述のとおりである）．

地域の主力農作物としては梨，スイカ，白菜，ほうれん草，葉たばこがある．このうちスイカは93（平成5）年から生産が伸び，一蔓に1つしか実を付けさせないハウス栽培が行われ，1玉が9kg，販売価格にして2,000円という高い市場評価を得ている．しかし高齢化がすすみ，収穫作業の負担が大きく，産地の維持が問題となっている．

秋取り白菜はスイカの後作である．しかし近年は輸入野菜によって「当り年」もなくなり，経済的な魅力がなくなったことに加え，高齢化で生産量は減少している．

これに対して期待されているのがほうれん草である．高値の7～9月を中心に，周年栽培が可能で，また軽量であるために高齢者でも生産が可能である．スイカのハウスも利用でき，年間1,000万円の粗収入も可能である．宇生賀地区では白菜に代わるものとして導入を推進している．

ロ）宇生賀地区の集落

宇生賀地区は4集落からなり，農家（農地所有者）数は76戸である．このうち10戸が離村してしまった不在地主である．

補論　市町村農業公社と集落営農・土地利用型経営　　　　　　　175

　宇生賀地区はいわゆる大字で，1965年頃までは分校をもっていたという．旧福賀村の運動会ではこの4集落で1チームを構成していたという．また地域では大正元年から4年にかけて耕地整理が実施されており，その維持管理組織として「宇生賀土地改良区」が設立されていたが，管理の実態がなくなったとして97年に解散し，代わって「保護組合」が設立されている．これはいわゆる水利組合で，全農家が参加している．負担金は10a当たり100円である．

　このように，宇生賀地区は生産とともに生活を支え合うひとつの地域単位として機能しており，このまとまりの良さが取り組みの背景にある．

2) 宇生賀地区における圃場整備事業と組織化の取り組み

　上述のように，宇生賀地区では1912年から15年にかけて，県営第1号の耕地整理が実施され，1区画20aに整備されていた．しかし土壌は地下30mにも及ぶ湖成堆積物からなり，「深田」と呼ばれる強湿田地帯であった．このため大型農業機械の利用ができず，また農道の整備も求められていた．圃場整備事業導入の最大のねらいは，この排水対策であり，強湿田地帯からの脱却であった．同時に水不足地帯でもあり，農道整備等を含めた農業基盤の再整備が強く求められていた．

　宇生賀地区ではまず90年に「あすの宇生賀を考える会」が設立された．これは集落選出委員15名，農協役員2名，農業委員1名，地元議員1名の計19人からなる組織で，農用地の有効利用や水田転作の取り組み方を通して，地域農業の方向を検討するものであった．同時に圃場整備による農地改善の可能性を実証するために，町の「宇生賀地区調査事業」を導入し，地質・地下水等の実態を調査した．

　そして91年には「あすの宇生賀を考える会」を発展的に再編し，新たに「宇生賀地区農地再編パイロット事業研究会」を設立した．会員も集落選出委員28名，農協役員2名，農業委員1名，地元議員1名，計32名と，集落選出の農家委員が拡充された．この「研究会」では①水利部会，②営農部会，

③賦課償還金部会の3部会を設置し，事業の検討と具体化を図った．

その後，93年には「宇生賀団地工法検討委員会」を設置し，技術的な検討が始まる．そして95年には「宇生賀農地再編整備事業組合」へと組織は再編される．ここでは特に圃場整備後の受け皿づくりが主要な検討課題となった．そこで結論づけられたのが，組合的組織化，集落営農体制であった．圃場整備というハード事業とともに，事業後の営農体制，営農の担い手に関する議論を行ったのである．

3)「宇生賀農業生産組合」と農事組合法人「うもれ木の郷」

宇生賀地区における集落営農体制は，96（平成8）年に設立された「宇生賀農業生産組合」（任意）と，97（平成9）年に設立された「農事組合法人"うもれ木の郷"」によって構成されている．前者が農用地利用改善団体で，構成員の農地を一括して10年間の利用権を設定する機能を果たしている．いわばソフトの組織である．これに対して後者は農業生産を担う実働部隊である．以下，その位置づけと概要をみておこう．

イ）宇生賀農業生産組合

このように「宇生賀農業生産組合」は農用地利用改善団体であり，組織としては76戸の全農家加入となっている．設立の目的の第1は農事組合法人"うもれ木の郷"を特定農業法人とすること，第2はソフト事業である「先導的利用集積助成金」の受け皿づくりである．約4千万円の利用集積助成金は農機具の購入費用に充てられている．

ロ）農事組合法人"うもれ木の郷"

農事組合法人"うもれ木の郷"は76戸中66戸が参加する営農組織である．圃場整備面積85.1 haのうち80.35 haの農地がこの組織に貸し付けられている．非加入者10戸のうち5戸は農地を貸し付けている不在地主で，その農地を借りている農家を含む5戸が参加していない．理由は農機具を所有しており，自作できる間は自作したいのだという．

法人への出資は，世帯主（男子）の場合は基本的に所有面積割りで（1 ha

未満は1口，1～2haは2口，2ha以上は3口），それに5年間という期間をかけて，最低でも5口の出資としている．1口1万円である．興味深いのは，妻も組合員になれるということで世帯主の持つ出資のうち1口を妻がもてるとしている点である．出資者は総勢111人で，単身者世帯を除けば夫婦ともに出資することとなっている．妻を出資者にしたのは，従事分量配当しやすいためであったが，農業委員選挙権も付与されることとなり，「やる気」になってきたと評価している．そして法人の理事2名は女性である．

ハ）国営圃場整備事業の合意形成と集落営農による担保

ではなぜ法人による集落営農体制なのか．問題の出発点は圃場整備の償還金負担であった．「負担金はどの程度か」「本当に返せるのか」が農家の最大の関心事項だった．しかも整備後の将来にわたる農地の担い手問題が横たわっていた．こうして「圃場整備を推進する者が責任を持って農地をどのように受けるか」「その小作料で償還金が返せる」その仕組みづくりが求められていた．

同時に専業農家である担い手への配慮の必要もあった．当時すでに担い手の間では「稲作は儲からないから，汎用田にして畑作ができるようにしたい」「稲作を省力化することで野菜中心の経営にしたい」という声があった．稲作の省力化による担い手支援の課題である．

こうして水田を長期的に耕作・管理し，コスト低減と省力化を実現するためのスケールメリットの手法として，集落営農体制が選択された．

では小作料と償還金の関連はどうなっているのか．計画によると確定配当として農地所有者が10a当たり36,500円を受け取ることとなっている．これがミソである．まず算出の考え方であるが，事業前の小作料水準である18,000円程度に償還金約19,000を足して37,000程度とすることがベースとなり，現状では36,500円となっている．

次はその配分方法である．圃場整備の農家負担金10a当たり約20万円を10年で償還するとして，「20万円＋利子4万円＝24万円/10年＝2.4万円」となり，この24,000円を農地の「賃借料」とする．そして残る12,500円を

「名目上の従事分量配当」として「確定・最低保障配分」としている．要するに農地所有者は出役しなくても10a当たり36,500円が「確定」配当される．そこには事業を推進したリーダーたちの農家への約束があった．「米の単収が9俵，当時の米価18,500円を前提に，36,500円を配当するとしてきた」「米価が下がっても（現在の米価は15,600円）配当してきた，それは約束だからだ」というのである．

　二）稲作の作業体制と米の販売努力

　水稲作業に関しては法人の「水稲部」が年間の作業計画をつくり（稲作名人と言われる人望の厚いリーダーが中心），これに対応して，各集落＝班で出役計画（施肥や防除・草刈り）を立てている．特に兼業の若い人に極力出てもらうこととしており，各班とも土日中心に作業することとしている．ただし水回りは地区内の75歳の農家に一任（2,700円/10a/年）している．

　他方，機械作業は機械部が調整する．具体的には各集落単位に作業日程を表示し，各人が手を上げて事前に出役日程を決定している．ここでも「兼業であっても，できるだけ多くの人に参画してもらう」こととしているが，「若い担い手にはスイカやほうれん草といった戦略作物に集中してもらおう」という考え方から，年輩の農家の方にオペレーターとして活躍してもらっている．「逆定年制」と言っているが，「新型機械に乗ると高齢者が喜ぶ」のだという．

　また近年は独自に販売先を検討し，福岡県の生協に「うもれ木米」ブランドで販売し始めている．転作では大豆を中心にブロックローテーションを組んでいるが，湿田部分では作付けできず，代わりにレンゲを作付けている．これを利用した「レンゲ米」であり，配当の維持には米価の維持が不可欠だという．JAカントリーのサイロ1本を宇生賀地区専用に利用している．

　ホ）生産組織化による複合部門の拡大

　上述のように認定農業者をはじめとする地域の担い手はハウスを利用した野菜生産を経営の主軸としている．経営は個別であるが，全農地を法人に貸し付けているために，農協のハウスのリース事業を利用する場合には，「う

もれ木の郷」がその経営の一貫としてリースすることとしている．現在77棟のハウスが導入されており，各集落ごとに作業しやすいように集落に隣接して団地的に配置されている．

　それを担い手農家（組合員）個々が管理する．形式上は「うもれ木の郷」の事業となり，売り上げは一旦「うもれ木の郷」の通帳を通り，従事分量配当方式に基づいて個々の農家（組合員）に配当される．あくまで形式である．

　いずれにせよ「うもれ木の郷」ができて，ハウスが急速に増加しており，圃場整備と稲作の共同化による省力化効果が絶大であった．

4）四つ葉サークルの結成と活動
イ）構成員と経緯
　「四つ葉サークル」は圃場整備の途中，97（平成9）年に地域の農家の女性組織としてつくられたものである．構成員は51人で，全組合員世帯の妻（15戸は男だけの世帯）が加入している．会員の多くが40歳以上だが，若妻も参加する場合もある．設立のきっかけは「女性も4集落で一本化して活動してはどうか」という男性陣中心の"うもれ木の郷"からの働きかけだったという．

ロ）組織構成と活動内容
　「四つ葉サークル」は4つのクラブによって構成されている．まず「生活クラブ」は，荒れた畑を活用して野菜作りに取り組み，環境改善にも役立てようという取り組みで，野菜作りの講習会や果樹剪定の講習会を普及センターの協力を得て実施している．講習には高齢の男性も参加しており，地域全体の取り組みに発展している．野菜の自給や加工野菜さらに梅も増加しており，荒れ地もなくなってきているという．最近は野菜を町内の老人ホームと山口市生協に出荷している．

　「加工クラブ」は地域の農産物を利用したお菓子づくりに取り組んでいる．例えば梅を利用した料理づくりやジュース，ジャムの加工に取り組んでいる．また白菜の漬け物も作り，道の駅やイベントで販売したり，近年には老人ホ

ームへも出荷している．特に減農薬野菜であることをアピールしている．

　「環境クラブ」は花を地域に植える活動をしており，"うもれ木の郷"への視察客が「地域の人の顔がわかるよう」という願いを込めている．お盆に帰省した人たちが「宇生賀は変わりましたね」「きれいになりましたね」と言ってくれるようになったという．

　「交流クラブ」は全員参加で，生協の見学や他の地域の女性グループと交流するものである．昨年はミュージカルを見学したり，周辺の婦人会で演劇を披露したりと，多彩な活動をしている．

5) 集落営農の意義と課題

　こうして集落営農の第1の意義は地域づくり，農業・農地の保全である．代表者は"うもれ木の郷"づくりのベースには「自分たちで自分たちの村を作る」という考え方あることを強調する．「将来の宇生賀地区をどうするか，水をどうするか，ハウスをどうするか，米をどうするか，それが出発点であり，それに対応するのが特定農業法人であった」「法人化が念頭にあって"うもれ木の郷"ができたわけではない」という．法人化を選択した理由を，法人化すれば稲作の収入が地域全体で明確になり，個々の農家の所得を増やすには計画的な経営をせざるを得ず，無駄をなくすことができるからだという．地域づくりには経営体としての組織運営が求められているといえる．

　第2の意義は，50歳代を中心とする認定農業者など，施設園芸農家の負担を軽減し，規模拡大と所得増大に結びついていることである．集落営農と個別経営の共生である．

　しかし最大の課題が経営体としての集落営農の持続性を維持するための次世代の担い手の確保である．代表者は「10年は高齢者も農業はできるが，新規就農者を含め若い世代を入れないとダメで，そのためには現時点において充実した健全な経営を実現し，若い人に魅力ある経営としたい」という．守りの集落営農に対する不安である．

　そこで，1泊2日程度の短期間の高校生の農業体験の受入を検討している．

今年（02年），防府市の男子高校生2名の3泊4日の体験を行っているが，普通科に通う高校生が農業にあこがれて，普及センターの紹介で体験したのだという．"うもれ木の郷"という組織があるので，体験学習が可能になったようである．

また今後は特に都会の人との気持ちの交流が必要だということで，都市との交流にも力を入れようとしている．「台風が山口に来れば，都会の人がうもれ木の米はどうなってるのか？　といった心配してくれて初めて交流といえる．そうなると例えば不作の時には高い価格でも納得してくれるし，豊作の時は安い価格でこっちも提供する，そうした関係の構築が必要である」「単に自然があるから農村が重要なのではなく，農村の人々の気持ちを理解してくれることが大切だ」という．こうした交流の中から新規参入者が出てくることを期待している．

(5) 地域農業再編と農業公社

阿武町の農業公社は産業課が兼務する任意組織であり，しかも作業受委託のあっせんにとどまる．そこには「地域の農地は地域で守る」ことが必要であり，農地貸借ではなく，農作業受委託にとどめて農地所有者の農地管理意識を維持し，最終的に集落営農体制をつくることで地域農業を守ろうという町の政策がある．そのため(有)ドリームファームもその間の「つなぎ役」と位置づけられる．農業公社は将来の集落営農体制づくりの「つなぎ役」なのである．

その集落営農体制の第1弾が宇生賀地区の取り組みである．利用改善団体と農事組合法人の2階建てシステムをつくることで，全員の合意形成と実働部隊をうまく組み合わせる工夫がなされている．また稲作の省力化は認定農業者の集約部門の規模拡大や女性の活躍など地域活性化にもつながっている．しかし問題は経営体としての法人の継続性であり，将来の経営の中核を担う後継者の確保である．こうして新規参入も視野に，子どもたちや都市との交流が進められているのである．

3. おわりに

　斐川町と阿武町の取り組みを通して分かるのは，何よりも自治体の地域農業構造政策の重要性である．市町村農業公社の役割も，この地域独自の構造政策があって位置づけられる．またソフトを担う農業公社と，条件不利農地管理を担う実働部隊としての「公的」農業法人との分離が共通しているが，その「公的」農業法人についていえば，いずれの町でも将来の農業構造完成までの「つなぎ」として位置づけられている．「公的」農業法人は「自立」が迫られてはいるが，目標とする地域農業構造の構築のためには全市民に対して農業公社と「公的」農業法人の位置づけ・役割を，あらためて明確に示すことが自治体には問われている．

　しかし問題はその目標とする農業構造の持続性である．集落営農にせよ土地利用型農家にせよ，経営としての自立と地域社会の維持との両立という課題に直面している．地域が自らを守るには，経済的自立のための「経営」と，社会的自立のための「住民の協働」の両面が欠かせない．自治体農政の課題は，こうして農業（産業）と農村（地域）の両立へと広がっている．

第6章　自治体農政の地域システムづくり
　　　—飯田市と青森県における地域合意形成支援—

はじめに

　「地域」とは何か．この問いに対して，田代氏は「課題としての地域」を提起する．そしてグローバリズムの直撃を，いかなる範域において共通課題として受け止めるかが課題だとする．市町村合併や農協合併など，「上」からの自治体再編・組織再編と「運動の場としての地域」とのズレの問題である．氏は地域づくりの場として美山町の事例をとりあげ，村おこし推進委員会や地域振興会の基盤となっている旧村に注目する[1]．さらに農業展開の場について，生産手段の大型化と担い手賦存の地域密度からみて従来の「むら」規模では自己完結できず，旧村や学校区単位の担い手間のネットワークに注目すべきとしている[2]．

　また，小田切氏も農村地域づくりの「参加の場」の地域単位として旧村と小学校区に注目する．人口流出や高齢化による集落人口規模の縮小，さらに集落リーダーの存在率の低下によって，集落が地域活性化の単位とはなりえなくなったというのである．また男性世帯主中心主義から脱却し，女性の参加やすべての世代参加のためにも広域化が必要だという．その先進事例として紹介されるのが山口市の仁保地区の取り組みである．激しい人口減少の中で地域リーダーの強い危機意識によって，集落単位の自治会の連合体である仁保自治会が核になって，仁保農協（当時）や土地改良区などの旧村単位の組織が糾合したのだという[3]．

この「参加の場」としての自治組織に関して，地縁型自治組織とテーマ型自治組織，さらに中間型自治組織に分類する意見がある．同じく旧村を単位とする取り組みでも，その内実は異なるのではないか，という問題提起と受け止めることができよう[4]．

本章では，こうした地域づくり・地域農業活性化を，集落や旧村の単独の取り組みにとどめず，自治体の中で広く地域づくりを推進するための，自治体主導の地域づくりシステム化に焦点を当てている．例えば大都市自治体では，まちづくり条例の制定とまちづくり協議会の組織化を通じた住民参加の制度化・システム化の取り組みが進められてきている[5]．しかし農村地域における住民参加と地域農業活性化支援の自治体システムづくりは遅れている．上記の点と関連させていえば，この自治体政策による地域づくりのシステム化という視点から見たとき，地域づくりや地域農業活性化の「場」の在り方が1つの課題となる．

自治体が地域づくりを推進する場合，当然ながら自治体職員の主体性が問われる．しかし，自治体職員の置かれている環境は厳しい．二宮氏は今日の規制緩和と地方分権が「地域的受益者負担主義」と相まって，自治体の自己責任化＝財政的自立を押し進め，財政的基盤の脆弱な自治体の合併と「効率化」「市場化」が迫られているという．そしてこの「効率化」「市場化」は「自治体・公務労働のスリム化」に集約されるとしている[6]．そうであれば，特に財政基盤の厳しい農山村自治体では，職員の削減が余儀なくされることとなり，農山村地域の地域づくりの拠点となっている支所や出張所そして住民のたまり場である公民館の統廃合につながるとともに，地域に足を運ぶ自治体職員の活動も阻害されることになるだろう．

この点に関連して，重森氏は今日の新自由主義・新保守主義に基づく福祉国家型公共性解体への動きの中で，それと対峙する新しいタイプの公務員，すなわち「市民的公共性の再生」を担う公務員[7]が求められているという．具体的には，第1に市民との交流・共同，市民と共に歩む公務員あり，第2に公共性にもとづくインフラ整備に責任をもち，高い政策形成能力を持つ公

務員である．こうして，自治体の姿勢，自治体職員の在り方が，もう1つの課題となる．

ところで近年，地域自治の在り方と関連して，新しい市民社会像であるソーシャル・ガバナンス論が注目されている．神野氏は「国民が個として自立する．個として自立した国民が，自立するがゆえに協力する．そうした自発的協力によって，国民が社会形成に参加して，人間の生活を決定する権利を握る……ソーシャル・ガバナンスとは，連帯民主主義の実現なのである」[8]とする．しかし多くの農山村の実態を思うとき，違和感は否めない．多くの農山村では，人口流出と高齢化，さらに農産物自由化と産業空洞化による経済的疲弊，地方交付税の削減による地域福祉の困難等の中で，自立できないがゆえに連体・協働せざるをえないのが現実だと思われるからである．

農山村の自治体や自治体職員の苦悩は，こうした現実の中にある．自治体の指導力，地域住民の説得と合意形成，地域住民の主体性を引き出し，育てる，そして共に行動する自治体・自治システム，人々と語り合い励ます自治体職員が求められているのではないか，というのが本章の前提的な認識である．

事例として取り上げるのは長野県飯田市の地域マネージメント事業と青森県のローラー作戦である．飯田市では市と農協などの関連機関が一体となり「農業振興センター」を設立し，旧村単位の地区担当制を導入し，地域との連携を深めている．飯田市ではこの仕組みを地域マネージメントとして展開している．第4章では国の地域マネージメントを取り上げたが，現場を抱える自治体が取り組む本当の地域マネージメントとは何かを明らかにしてくれる．他方，ローラー作戦は県の普及組織が中心となり，自治体や農協，そして地域の農家たちと協力して地域の農業再編に積極的に取り組む仕組みである．飯田市同様に，地域の農家の声を聞き，地域から動きをつくる自治体政策である．

1. 飯田市における地域マネージメント事業

(1) 飯田市の概要と地域づくりの歴史
1) 飯田市の概要

　長野県飯田市は長野県南端の伊那谷中央に位置する人口10万人の地域である．市の中央を天竜川が流れ，中心市街地には広く商業地域が形成されており，農業統計では都市的地域に分類されている．しかし中心部から市の両端に向かって広く中山間地域が占めており，センサスにおける15旧村の地域分類をみると，都市的地域が4，平地農業地域が3，中間農業地域が7，山間農業地域が1となっており，中山間地域が半数以上を占める．そしてこの中山間地域のうち4旧村が特定農山村法の指定を受けている．このように飯田市は都市的地域から山間農業地域まで実に多様な地域を抱えているために，それぞれの地域に適合した農業政策づくりが求められている．

2) 飯田市地域づくりの歴史的背景―公民館活動―

　よく知られているように，戦後の長野県では青年層を中心とした学習運動や文化運動が広く展開した．飯田市においても公民館活動など種々の自主的地域活動があったが，今日の地域重視の政策が定着する契機となったのは，1973（昭和48）年の「地方自治のかなめとなる公民館活動を強化せよ」という市長からの問題提起であった．61（昭和36）年の大水害と高度経済成長による就業や生活の変化によって地域社会が急速に変化し，市長はそれに危機感を持ったのだという．

　そこで取り組まれたのが地区（旧村）ごとに開催される「市民セミナー」による学習活動であった．そこでは①自分たちの地域は自分の手で，②市民の自発的発想を生かす，③地域問題を積極的に学習するという原則が据えられ，共通テーマ「飯田を考える」が掲げられた．そして行政のあり方も，縦割り行政から地域割り行政へと転換された．「住民を管理し恩恵を施す行政

マンから住民自身が課題に気づき解決していくための手助けをする行政マンへの転換」という．こうして，地域の主体性を引き出し，それを前提に行政が支援するという，今日の飯田市地域マネージメント事業につながる基本的な仕組みがこの時期に形成された．

その地域の主体形成の重要な場となったのが，公民館である．飯田市では「公民館は住民のたまり場」を合い言葉に，公民館活動4つの原則を掲げた．①旧村単位の公民館設置，②中央公民館と各公民館は独自・対等の関係，③館長は住民から選出，活動は住民が企画，④本庁社会教育課からの自立（自己決済）である．

その旧村単位の公民館に隣接して支所が設置されている点に，飯田市の大きな特徴がある．1970年代後半以降，行政改革の一環として支所統合が幾度も話題となってきたが，それを地域住民が反対してきた経緯もある．

支所職員は支所長・出納係・戸籍係・保健婦から構成され，地域づくりの拠点となっている．支所と公民館は地域の中心地域に位置しており，いわゆる「ワン・ストップサービス」として機能している．公民館は高齢者のたまり場であったり，学校帰りの子供たちの仕事帰りの母親が迎えに来るまでの遊び場であったりする．隣接する支所は各種自治会組織の相談窓口・事務局でもあり，支所職員のとっては「雑務」と思える仕事でも，地域を知る絶好の場となった．「職員は地域住民の目を通して，国や本庁（市役所）の不合理な面が見えてくる」とその積極面が強調される[9]．

支所を基礎に住民の力を引き出す仕組みづくりの上に，82（昭和57）年には「10万都市構想」を掲げ，「ムトス飯田」が開始された．「ムトス」というのは「……しよう」という意味で，1人ひとりの自発的意志の発揮がねらいである．この取り組みでは①自然と歴史の継承，②知力・活力・魅力，③調和と連帯，④文化と安らぎの創造の4つの柱が提起された．

(2) 飯田市農業の動向と課題

このような地域づくりの取り組みの背景には，飯田市の厳しい農業の実態

がある．農業センサス（表6-1）をもとに飯田市農業の特徴を整理すると，以下の点が指摘できる．まずは農家数の減少で，85年から2000年の15年の間に30％近く減少している．特に販売農家，専業農家，第1種兼業農家の減少が激しく，第2種兼業化と自給農家化が進んでいる．また経営耕地面積は30％以上も減少し，桑園からの転換によって増加した果樹園や畑の面積も減少局面に入っている．しかも借り入れ農地面積は横這いで，そのため耕作放棄農地が倍増する（対経営耕地面積12％）という深刻な問題が生じている．

さらに農業労働力の高齢化と女性化が指摘できる．95年時点で，農業従事者の52％が65歳以上の高齢者によって占められており，特に男子の場合には62％が高齢者である．また農業従事者の60％が女性である．また小規模兼業農家が多くを占めているのも大きな特徴である．例えば1ha以上を経営する農家は全体の1割しかなく，多くが50a以下の超零細農家である．その意味でギリギリのところで地域農業は維持されている．

農業粗生産額では（表出は省略），リンゴや梨を主体とする果樹が中心で，ついで畜産，野菜，米と続く．その粗生産額は年々減少しており，特に畜産の減少が激しく，粗生産額の中心を占める果樹もすでに減少局面に入っている．なおこうした中でも農産加工のみが販売額をのばしている点が特徴的である（これについては後述）．

以上のように高齢者や女性を中心とした零細兼業農業で，加工にも取り組みながらかろうじて農業生産が支えられているのが飯田市農業の姿である．中山間地域に位置する果樹園や畑，点在する小規模水田を中心とする農業構造の中では，土地利用型の認定農業者への農地集積には限界があり，地域農業振興と農地の保全には零細・兼業・高齢者農業も視野に入れざるを得ない．こうした多様な担い手の支援が農村地域と農地保全の直面する課題なのである．

表 6-1 飯田市農業の動向

(戸, ha, %)

年　次	1985	1990	1995	2000
総　農　家	7,095 (100　) (100.0)	6,205 (100　) (87.5)	5,717 (100　) (80.6)	5,165 (100　) (72.8)
販売農家	—	4,181 (67.4)	3,655 (63.9)	3,138 (60.8)
自給的農家	—	2,024 (32.6)	2,062 (36.1)	2,027 (39.2)
専業農家	1,012 (14.3)	925 (14.9)	893 (15.6)	549 (10.6)
Ⅰ兼農家	1,316 (18.5)	946 (15.2)	906 (15.8)	586 (11.3)
Ⅱ兼農家	4,767 (67.2)	4,334 (69.9)	3,918 (68.6)	4,030 (78.0)
主業農家	—	—	1,212 (21.2)	815 (25.9)
準主業農家	—	—	1,359 (23.8)	953 (30.4)
副業農家	—	—	3,146 (55.0)	1,370 (43.7)
〜0.5 ha	4,027 (56.8)	3,662 (59.0)	3,424 (59.9)	3,260 (63.1)
0.5〜1.0	2,205 (31.1)	1,786 (28.8)	1,640 (28.7)	1353 (26.2)
1.0〜2.0	801 (11.3)	685 (11.0)	576 (10.1)	480 (9.3)
2.0〜3.0	51 (0.7)	52 (0.8)	48 (0.8)	50 (1.0)
3.0〜5.0	7 (0.1)	17 (0.3)	24 (0.4)	16 (0.3)
5.0〜10.0	4 (0.0)	3 (0.0)	5 (0.1)	6 (0.1)
10.0〜			0 (—)	0 (—)
準単一農家	1,517 (21.3)	1,151 (18.5)	949 (16.6)	899 (17.4)
複合経営農家	342 (4.8)	470 (7.6)	367 (6.4)	339 (6.6)
経営耕地計	3,704 (100.0)	3,285 (88.7)	2,984 (80.6)	2,590 (69.9)
水田	1,462 (100　)	1,322 (100　)	1,168 (100　)	1,063 (100　)
不作付地	67 (4.6)	51 (3.9)	50 (4.3)	55 (5.2)
普通畑	565 (100　)	665 (100　)	712 (100　)	623 (100　)
不作付地	149 (26.4)	69 (10.4)	114 (16.0)	80 (12.8)
樹園地	1,491	1,289	1,103	904
借入農家数	1,426	1,133	1,253	1,264
面積	261 (7.0)	237 (7.2)	270 (9.0)	270 (10.4)
田借入農家数	809	650	692	696
面積	104 (7.1)	91 (6.9)	96 (8.2)	104 (9.8)
畑借入農家数	486	376	466	469
面積	70 (12.3)	70 (10.5)	96 (13.5)	85 (13.6)
樹借入農家数	477	359	379	386
面積	88 (5.9)	76 (5.9)	79 (7.2)	81 (9.0)
耕作放棄農家	1,190 (16.7)	1,581 (25.4)	1,535 (26.8)	1,828 (35.4)
面積	161 (4.3)	258 (7.9)	290 (9.7)	314 (12.2)

注：1) 農業センサスより作成．
　　2) 2000年の主業・副業別農家構成比は販売農家数を対象．
　　3) 2000年のⅡ兼農家数には自給的農家を含めた．
　　4) 経営耕地面積規模別農家数については，85年は全農家，90年以降は「30a未満」に「自給的農家」を加えた．
　　5) 主業・副業別農家については，95年は全農家，2000年は販売農家が対象．

(3) 飯田市農政の基本戦略—都市農村交流の展開—

1) 多様な都市農村交流事業

こうした状況を背景に，市の「農政プラン」では担い手農家を①主業農家（さらに若手タイプと高齢タイプ），②準主業農家（さらに若手タイプと高齢タイプ），③副業型，④自給型の4つに類型化し，それぞれの地域農業における役割を明確にするとともに，市全体としてはマーケティングと都市農村交流を重要な戦略と位置づけ，全体として魅力ある農業・農村地域づくりを実現しようとしている．

この多様な担い手を巻き込んだ農業と地域活性化の戦略が，都市農村交流である．飯田市の実施している都市農村交流事業は，表6-2にみるように実に多様である．以下，主要なものを紹介しよう．

① 「体験教育旅行」と「南信州子ども体験村」は小・中・高校生を対象とした農村体験で，農家への民泊と農業体験を行う．提供されている体験プログラムは，農林漁業体験や環境学習，食体験，ボランティア，アウトドア，伝統クラフト，歴史文化の分野からなり，全部で200をこえる．04年には107校，153団体，4万人が利用しており，利用者数は急増している．民泊やプログラムに協力する農家も500戸におよぶ．

② 「ワーキングホリデー」は都市住民にボランティアとして農作業を手伝ってもらうもので，都市住民との交流とともに農家の労働力を補完する役割を併せ持つ．農家はワーキングホリデー参加者の宿泊と食事を提供し，農家の生活を体験させるというギブ・アンド・テイクの関係である．果樹を主体とする農業では特に収穫時期に多くの労働力を必要とするが，そこに注目した取り組みでもある．登録者数は900人をこえ，04年には297人，のべ1,357人が参加している．

飯田市の資料によると，参加者は関東が6割，関西が2割，中部が2割弱となっている．男性と女性は半々だが，女性では50%を20歳代，26%を30歳代が占めており，男性でも30歳代が33%，20歳代が22%を占めている．参加の理由をみると，中高年では定年後の田舎暮らしの地域探し，自然

表 6-2 飯田市の都市農村交流の取り組み

事業名	主な対象	推進主体	各事業のねらいと目標	
			訪問者へのねらい	受入側へのねらい
体験教育旅行	中学生・高校生	南信州観光公社	・総合的学習・環境学習の提案 ・子供の生きる力を育む旅の提案	・地域資源の再発掘と活用 ・市民の誇り,生き様の再確認 ・様々な生命を育む地域の意義の再発見 ・農業の多角化(複合経営のすすめ)
南信州子ども体験村	小学3年～中学3年	南信州観光公社	・第2のふるさとづくり ・次世代の消費者づくり ・子どもの食育	
ラーニングバケーション	一般	南信州観光公社	・田舎探し(定住先) ・大人の食育 ・産直拡大,消費者づくり,飯田ファンの創出	・農村地域の開放による担い手確保 ・山林・田畑の荒廃化防止 ・情報受発信による経営感覚向上 ・起業のすすめ(法人化) ・異業種連携による活性化
ワーキングホリデー	一般 16歳以上	農政課	・新規就業・田舎探し(定住先) ・食と農の接近(農業・農村の理解) ・産直拡大,消費者づくり,飯田ブランド産品啓蒙 ・飯田ファンの創出	・地元農家の活力づくり ・離農・農地遊休化防止 ・都市と農村の共働促進 ・農作業の労力補完 ・定住促進,就農促進
南信州あぐり大学院	教師・大学生・一般社会人	南信州観光公社	・総合的学習づくりの人材育成 ・体験活動指導者養成 ・地域づくりリーダー育成 ・ツーリズムコーディネーター養成	・地元教師・体験指導者のレベルアップ ・地元に愛着を持つ子どもづくり ・地域リーダー育成 ・地域資源の再発見と活用
どんぐりの森小学校	小学校	南信州観光公社	都市小学校の学友林づくり 自然・文化を活用した総合教育の実践	・里山保全と水源涵養による農業保全 ・20年～100年後の交流人口確保
桜守の旅	家族・一般	南信州観光公社	豊かな自然と歴史を育む地域への理解	・地域資源(桜の古木から周辺自然資源)の再発見と保全
スノーシュートレッキング	家族・一般	南信州観光公社	豊かな自然と歴史を育む地域への理解	・地域資源(冬山の自然環境)の再発見と保全

資料:飯田経済産業部企画幹井上弘司氏提供.

の中での生きがい探し，なつかしい生活と食体験等があげられている．若者では，田舎暮らしをしたい，農村における生活の厳しさを知りたい，農業をしたいが自分に適しているか体験したい，将来地方に定住したいので体験したいといった理由があげられている．表 6-3 にみるように，参加している若者に農村地域に関する大きな意識変化をもたらしているのが飯田市の特徴であり，成果である．また受け入れている農家の支援としても大きな成果を上げていることが示されている．

③ 「あぐり大学院」は教育関係者や社会人を対象に，農業・農村体験指導者を育成する取り組みで，年間受講生と聴講生を合わせて 30 人前後が参加している．ここでは農業・農村体験とともに，全国の農業教育者や自然環

表 6-3　ワーキングホリデーの評価

参加者の声	●ボランティアに行って，ボランティアされたみたい． ●初めてなのに本当に素朴で温かな田舎で家族の一員として心から扱ってくれた． ●飯田に新しいお父さん，お母さんができた．自分の祖父母といるような錯覚を覚えた． ●料理も美味しく極端なお客様扱いをされず，気楽に農家の一員となった． ●私の両親から飯田市ならお嫁に行っても良いと許しが出ました． ●農業に関する疑問など，夜遅くまで非常に丁寧に応えてくれた．どうしても農業をやりたい． ●日常生活の中で，忘れていた思いや感謝の心を飯田で学んだ． ●自分の仕事の活力．空や季節の変化もわからないビルの中で，昼ご飯と山々の景色が甦り，涙が出る． ●こういう生活をしたいと心から思え，本当は帰りたくなかった．このままずっと，飯田にいたいと夢をみた． ●自分を見つめ直す良い機会となり，この収穫はとても大きかった．
受入農家の反応	●これほど頑張って，仕事をしてくれることは本当にありがたい． ●こんな良いことは，これからも継続して欲しい． ●来年は離農しようと考えていたが，これなら来年も農業が続けられる． ●自分の仕事が誇らしく，地域が素晴らしいと再認識． ●飯田にはすごい資源があり，すごい人たちがたくさんいる．これを判ってくれる人をもっと増やしたい． ●ただでさえ厳しい山間部は，過疎化と老齢化で維持管理ができないため，田舎保全サポーターがいて，助けてくれれば農村は維持できる． ●市役所がやる仕事で，はじめてありがたいと思った．役所を身近に感じた． ●居ながらにして情報がやってくる．

資料：表 6-2 と同じ．

第6章　自治体農政の地域システムづくり　　　　193

境教育者，さらにはツーリズム指導者の講義が準備されている．

　このような都市農村交流の成果として，市は7億円の地域経済効果があるものと推計している．たとえば市内には10を超える直売施設が設置されて，女性や高齢者による野菜生産や農産加工の取り組みが広がっている．また交流を通して自ら地域の誇りを語ることができるようになり，地域住民が元気になったと評価している．さらに飯田市・南信州のメディアでの紹介も増え，知名度が増したとしている．そして「ワーキングホリデー」を通して後継者の妻になる女性や新規参入など，定住者も増加しているという．

2) 推進体制の整備—南信州観光公社—

　都市農村交流の取り組みは，当初は飯田市産業経済部農政課と観光課が窓口となって実施されていた．しかし事業規模の拡大と専門性の必要から，2001年に「㈱南信州観光公社」が設立された．資本金は約3千万円で，飯田市をはじめ17の周辺町村と，農協，金融機関，その他多くの観光関連企業が出資する第三セクターである．スタッフは，社長とプロパー職員2名，市からの出向2名，研修と臨時職員が各1名の計7名からなる．

　事業は地域観光の企画，開催，マーケティングである．旅行代理店とも提携しており，体験等の受け入れはこの代理店を通すこととしている．また，事業企画や農家など地域住民の協力を得るために，市の農政課や観光課と常時連携することとしている．さらに出資する周辺自治体を巻き込んだ広域の農村ツーリズムも取り組まれている．

(4) 地域マネージメント事業の展開

1) 地域マネージメント事業のねらい

　都市農村交流という飯田市の地域活性化戦略を実現するためには，農家をはじめ地域住民の協力が必要である．こうした地域の主体形成の手法として登場したのが，89年から始まった「地域マネージメント事業」である．

　この事業のねらいは旧村や集落といった地域を単位とする地域農業振興の

合意形成を促進し，実効性のある農政を推進することにある．要するにソフト重視の政策であり，地域の合意形成＝意思決定があって，はじめて様々な事業が導入されることを市農政の原則としている．「地域合意形成なきところに補助事業なし」ということである．こうした住民の主体形成と協力によって，市の都市農村交流政策と地域活性化が噛み合うこととなる．

　ところで，飯田市における住民の地域合意形成＝意思決定の仕組みは，もともと88年に提起された「集落複合経営」運動に始まる．この運動は農業経営の複合化のみならず農産加工に取り組んだり，兼業の人々など農村地域に住む多様な職業の人々が協力し，アイデアを出し合い，豊かな地域づくりを実現していこうというものである．その合意形成の場が集落や旧村であり，住民全員で課題解決の合意形成＝意思決定し，その実現のための取り組みを強化していこうというものであった．

2) 地域マネージメント事業の推進方法

　地域マネージメント事業では，地区や集落の合意形成がポイントで，後述のような各種の独自事業が展開されてきた．時期によってポイントの置き方に変化はあるが，基本は地域の合意形成促進である．

　そこで，基本的な合意形成の進め方をみておこう．まず市内14の旧村ごとに，集落や複数集落からなる地区を基礎にして，生活や生産の全体にわたる地域の問題点を出し合うことからはじまる．次いで問題点を解決する方法や実現の可能性が議論され，具体的な取り組みや必要な事業が検討される．そこでは世帯主だけではなく，女性や高齢者，若者など全員が議論に参加することが強調され，事業の①必要性，②緊急度，③重要度，④実現可能性，⑤受益者の多少，⑥非受益者との合意，⑦地域への波及効果，⑧実施した場合の新たな問題点の可能性といった点が留意されるべきとされている．そして最終的に要望すべき事業に順位がつけられ，この順位にしたがって市に要請することとなる．事業の対象が旧村全体か，あるいは一部の集落か，ということについてはそこで取り上げられる課題によって決まる．市は地域合意

に基づいて出された要望であるだけに，その実現に責任を負うこととなる．

この中で最も重要なポイントは，地域の問題点を話し合う場をつくり出すことである．市はそのための支援体制を準備している．それは第1に，農地保全や農業振興を軸にするが，どのような地域問題も取り上げ，そのことで議論を活性化することである．第2に，14の旧村ごとに担当職員を張り付けるという地区担当制をとっており，たとえ夜であっても地域の話し合いには必ず出席することとしている．このように地域マネージメント事業の推進主体である自治体職員（後述のように2000年からは農協等も参加）の役割は非常に大きい．地域と行政の橋渡しの役割を担っているのである．

3）地域マネージメント事業の展開過程

しかし，単に地域の合意形成を待っていては課題の克服は困難である．飯田市では以下の事業展開に見るように，最初にモデル集落をつくることからはじめ，合意形成を促進するソフト事業を中心に，地区や集落と協働する運動をつくり出している（表6-4）．

（イ）集落計画体制づくり期

90-93年の「モデル集落設置事業」は，①30～50戸程度の集落，もしくは②地理的条件からみて複数集落が一体となる100戸程度の広域地区を対象に，3年間をかけて集落や地区の問題点の整理と将来構想を立案する事業で

表6-4 飯田市地域マネージメント事業の展開過程

集落計画体制づくり期	90-93年	モデル集落設置事業
活動グループ育成期	95-97年	農業振興活動支援助成事業
地区・集落農業活性化再提起期	98-00年	地域農業強化支援事業
		①集落機能強化支援助成事業
		②生産振興強化支援事業
地区・集落農業活性化継続期	01-02年	持続型農村構築支援事業
		①遊休農地対策支援助成事業
		②持続型農村構築支援事業
地区主体性発揮促進期	03年-	①自ら集落元気化支援事業
		②地区農業振興会議運営交付金・活動支援事業
		③グループ農業活動支援事業

ある．各年15集落・地区を選定し，3年間で45集落・地区が選定されている．助成額は1年目20万円，2年目10万円，3年目5万円である．

　市の事業報告によると，集会所などの施設整備や，文化活動が中心のテーマとなり，本来の目的であった農地保全や土地利用の計画，農業後継者育成など農業生産をテーマとする集落・地区は少なかったと総括している．「モデル集落」以外の集落への波及効果も不十分であったとしている．こうして，この時期には地域が主体的に地域の課題と方向を模索するための基礎をつくったが，地区や集落には十分には浸透できなかった．

（ロ）活動グループ育成期

　こうした総括の上に，農業振興を正面から掲げたのが95-97年の「農業振興活動支援助成事業」であった．ここでは①農産物の加工機械導入や直売所の整備，②新加工技術の研究や特産品づくりが目標とされ，地区や集落のみならず生産者グループも助成の対象となった．助成額は20万円を限度に，事業費の2分の1とされた．現在，飯田市では女性グループや高齢者グループによる農産加工が盛んであり，農産加工の粗生産額が伸びていることを先に指摘したが，加工グループの多くがこの時期に生まれ，加工施設が設置された．また都市住民と交流するグループも出始めた．

　しかし，取り組みを途中でやめてしまうようなグループも少なくなく，また担い手育成に関する取り組みが皆無であるなど，農村活性化という点で不十分な点が指摘された．さらに先進グループの育成にウエイトを置いたために，一部の農家に施策が集中することになり，地域の求心力が弱まるといった問題が発生した．こうして市は地域住民全員で地域を守る取り組みの重要性に再度気づくこととなる．この点について，事業報告では「事業に参加した農業グループ，農家等は地域の中心的団体，人材として活躍されています．しかし，他の専業農家，兼業農家，小さな農家等はそれぞれに独自の課題を抱えています．また地域が農業を継続していくための課題として，担い手の減少，農地の荒廃化，営農環境の悪化，農業収益性の低下・産出額の低下，結いの希薄化などの課題が山積しています」と記している．

第6章　自治体農政の地域システムづくり

(ハ) 集落農業活性化再提起期

そこで，再度集落農業の活性化を前面に掲げて登場したのが，98-00年の「地域農業強化支援事業」である．この事業は①集落機能強化支援助成事業と②生産振興強化支援事業からなる．①集落機能強化支援助成事業は集落を対象に「集落農業資源保全協定」の締結を前提に，集落環境や農地保全，耕作放棄の農地復帰，結などの集落の共同活動に助成しようというものである．②生産振興強化支援事業は特産品づくり，有機農業や土つくり，都市農村交流，直売所などの女性グループや高齢者の活動，さらに農作業受託が含まれ，地区や集落への波及効果がある活動を助成するものとされた．地域への波及効果が明記された点が特徴的である．

支援は単年度だが，効果があれば継続できる．助成額は3年間の総額50万円を限度に単年度20万円とされた．この他に先進地視察7万円，会議費3万5千円が助成された．

このように集落協定という地域合意の協定化という新たな手法が取り入れられ，集落をあげての資源保全機能の強化が取り組まれた．しかし，2年間で14集落しか取り組むことができなかった．しかも協定が締結されたのは1集落にとどまった．もとより短期間に協定をつくることは困難であるが，事業報告では協定という手法も「地域に理解されなかった」と総括されている．またグループの生産活動が集落や地域に波及し，地区全体の動きになることも，短期間には実現できなかったとされている．

(ニ) 集落農業活性化対策継続期

2000年，「飯田市農業振興センター」が設立され，市やJAをはじめ関連組織の連携が強化され，同時に地区＝旧村ごとに設置される「地区推進会議」が明確に位置づけられ，地区による地域農業の意思決定が重視されるようになる．旧村単位の地区，集落，グループの3段階の仕組みである．

こうした中，01-02年には「持続型農村構築支援事業」が始まる．引き続き地区や集落という面的な農業の活性化を目的とするもので，①遊休農地対策支援助成事業と，②持続型農村構築支援事業によって構成されている．

①　遊休農地対策支援助成事業は，上述の「地区推進会議」の推薦を受けた集落を対象に，景観保全，環境保全型農業，遊休荒廃農地の復元活用，集落共同活動，担い手育成などの取り組みに，20万円を上限に事業費の2分の1を助成するものである．

②　持続型農村構築支援事業は，グループの生産振興活動で，地区・集落へ波及効果がある活動を，20万円を上限に事業費の2分の1を助成するものである．具体的には特産品づくり，地産地消，農産加工，地域ブランド作物の復活，環境保全型農業，都市農村交流，農作業受委託組織づくりがあげられている．

事業の特徴は地区・集落全体の農業振興を，集落全体での共同の取り組み（①事業）と，核となるグループの活動（②事業）の両者を通して実現する「二正面作戦」が定着してきた点にある．

（ホ）地区主体性発揮促進期（現段階）

03年から実施されているのが，①自ら集落元気化支援事業（集落支援），②地区農業振興会議運営交付金・活動支援事業（地区支援），③グループ農業活動支援事業（集落内のグループ支援）の3本柱である．

①　自ら集落元気化支援事業は，中山間地域直接支払い対象外の，集落・小字・複数集落を対象に，自主的な集落機能の回復，農地の活用，農業生産振興，地域間交流・イベント等の取り組みを支援するもので，ソフト・ハード両方が認められる．交付金は事業費の半額で，年間30万円を上限に3年間継続できる．ただし5年間の活動計画が条件とされ，集落や地区の総意と継続性の有無を基準に審査されることとなる．中山間地域直接支払いの飯田市版である．

②　地区農業振興会議運営交付金・活動支援事業は，a地区農業振興会議運営交付金と，b地区農業振興会議活動支援補助金の2つからなる．aは地区農業振興会議が開催する「地域の農業を考える会」への運営助成で，住民への広報活動などを目的に5万円が全地区に交付される．bは地区農業振興会議が実施する「農を切り口とする」自主的な地域活動への助成で，10万

円を上限に事業費の2分の1が補助される．ただし，計画性，話し合い，意欲を基準に審査される（この時期に「地区推進会議」は「地区農業振興会」に名称変更）．

③ グループ農業活動支援事業は，農業と加工などの生産活動を行うグループ（農業者が過半数であれば非農家も参加できる）を対象に，20万円を上限に事業費の2分の1が補助される．ただし，動機・目的，計画性，独創性，発展性，協同性，波及効果を基準に，事業計画発表会で審査される．

05年度の取り組み状況をみておこう．①自ら集落元気化支援事業は，計画と継続性が求められるために現状では実績はない．ハード事業を実施してまで自主的に活性化しようという積極的な集落が出てこないということで，行政が入るには地域リーダーの発掘から始める必要があるという．②b地区農業振興会議活動支援補助事業では，10地区で17の取り組みが行われている．先進地視察が中心で，後援会や活動発表会も実施されている．各取り組みに3〜6万円，総額79万円が補助されている．ただし前年と比較して取り組み地区では2地区，補助額で2万円減っている．③グループ農業活動支援事業には20のグループが，休耕田へのソバやイモの作付けや体験農園利用，漬け物やトマト等の加工開発，コメや黒豆の地産地消などに取り組んでおり，グループに参加する人数には10〜175人と幅がある．交付金額は3〜20万円で，総額210万円である．前年の11グループ，交付金総額96万円と比較してみると，活動が広がっていることがわかる．

4）推進体制整備－飯田市農業振興センターの設置－

（イ）体　　制

地域マネージメント事業は当初，農政課を取り組みの中心に始まったが，2000年に新たに「飯田市農業振興センター」が設立され，センターの事業として実施されることとなった．

農政課が中心となっていた当時の組織は，各地区に設けられている推進会議が，農政課が事務局を務める「飯田市農業地域マネージメント事業推進協

議会」に組織されるという非常にシンプルな組織であった．農協も協力することになってはいたが，事実上農政課が直接地区や集落に入っていた．推進に当たる職員間の意思統一はできるが，人数が限られ活動に限界があった．

こうした中，国の新基本法が検討される中で「農政全般の変化に市をあげて機敏に対応できる体制づくりが必要」という危機感から，農協や農業委員会など農業関連機関を巻き込む地域営農システムづくりの検討が，98年から始まった．農協を巻き込んだ理由は，マーケティングである．市は都市農村交流を中心に地域づくりのソフト重視の地域マネージメント事業を進めてきたが，その反省点が「売れて所得増加に結びつかなければ地域の動機付けはできない」という基本の再確認であった．そこでJAに参画してもらい，生産物や特産品のマーケティングを担ってもらおうとしたのである．さらに当時，すでに駒ヶ根市で地域営農センターづくりが取り組まれ，長野県がそれをモデルに全県下に広げようとした事情もあった．

こうして2000年に「飯田市農業振興センター」が設立される．図6-1は現在の推進体制を示したものである．センターを構成するのは飯田市・農業委員会・普及センター・JAみなみ信州・下伊那園芸農協・南信酪農協・竜峡酪農協・旧村を単位とする地区振興会議である．この一元的指導体制のもとで策定される政策にもとづいて，各機関が役割分担することとなる．また上述の地区担当制も維持され，JA支所が旧村単位に設置されているので①JA支所長，②支所の生産担当，そして③農政課職員，④農業委員会事務局職員の4人がチームを組んで，地区を担当している．

(ロ) 推進の課題

農業振興センターでは地域マネージメント事業とともに，05年度の目標に①地区農業振興会議ごとの「地区農業ビジョン」の策定，②農産物販売の具体的取り組み展開を掲げ，①実効的な振興計画づくり，②センター構成団体間の連携事業を実施するとしている．

このうち「地区農業ビジョンづくり」については，すでに03年から地区農業振興会に「地域の農業を考える会」づくりを進めてきたという経緯があ

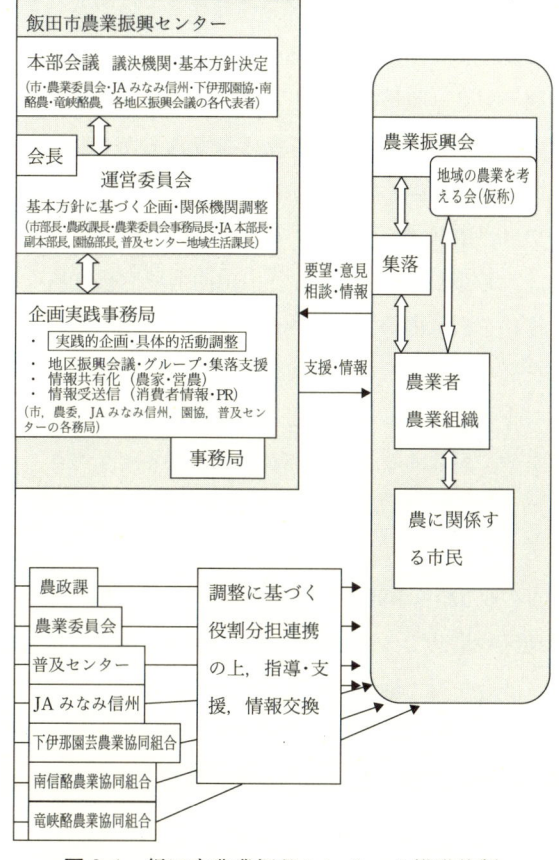

第6章　自治体農政の地域システムづくり　　　　　　　　　201

図6-1　飯田市農業振興センターの推進体制

るが，実はこれがうまく進んでいない．後述のように地域マネージメント事業を活用し，行政との連携を取りながら，集落やグループごとには多様な取り組みが進んでいるが，旧村ごとの計画づくりには至っていない．

その問題点については，まず旧村という単位が計画づくり・合意形成の「場」となるか，という問題がある．これまで集落やグループで取り組みを「走らせて来た」経緯もあり，農業振興センターが地区振興会議単位の計画づくりを謳っても，すぐには地域が対応できないのである．また地域リーダ

一の問題もある．広域化すれば人材が発掘できるという意見もあるが，現実には役員（特に農業委員）の交代で活動が切れる場合が少なくないという．さらに農業振興センター職員の問題もある．農政課やJA職員は日常の職務の上に，センターの職務を実施することとなり，しかも財政逼迫で増員ができない中，地域に入っていく時間的余裕が限られている．これまでのような職員の責任感や自己犠牲ではすまないのである．

こうした中，2つの地区振興会議で「中山間地域直接支払い」を旧村一本を単位に取り組みを広域再編する動きが出ている．旧村を単位とする地区全体に波及効果をもたらそうという主体的取り組みとして注目されている．このように，旧村を単位に取り組みを再編，推進していくためには，それを促す具体的な事業や，具体的な共通問題認識形成が不可欠であることが，改めて確認できる．

5）地域づくりの取り組み事例

このように地区や集落では市や農協の協力の下，地域マネージメント事業を通すことで，資金を得て地域活性化に取り組むこととなる．以下は地区レベルの取り組みと集落レベルの取り組みであるが，いずれも市が進める都市農村交流の重要な担い手であり，都市農村交流を介して地域活性化が進められている．

（イ）地区レベルの地域づくり

地区レベルの取り組み事例として紹介されているのが千代地区と上久堅地区である[10]．両地区とも人口約2千人の旧村で，市内でも最も人口の少ない山間地域である．

① 千代地区—流れを変えよう—

千代地区の取り組みは「よこね田んぼ」の保全活動で，この「よこね田んぼ」は3ha，110枚からなる棚田である．このうち棚田の最下部に位置する1ha，45枚の田が耕作放棄され，水路管理上最大の問題となっていた．市がすすめる都市の小中学生との交流では，千代地区の農家が農家民泊に協力

していたこともあり，地域環境の整備も課題となっていた．こうした中，97年に市の自治会と地区の3つの小中学校への働きかけによって取り組みが始まり，翌98年には「よこね田んぼ保全委員会」が設立されている．委員会は当初20人から始まるが，現在は80人に達している．「自治会の役員を終えたら棚田に行こう」「千代のために貢献して酒を飲もう」が合言葉となっており，高齢者が「守り隊」を結成し，管理に当たっている．代表者によると「人口減少が続く流れを変えよう」というのが目的で，その手段として小中学生に棚田保全を手伝ってもらい，地区への愛着を醸成しようとしているのだという．今年の田植えには，地区の千代小学校と千栄小学校5年生と竜東中学校の生徒130人，保育園児90人，そして体験修学旅行の大阪と愛知の3中学校の生徒，さらに地区外のボランティアが参加することとなっている．

② 上久堅地区―集落活動の積み上げ―

上久堅地区の特徴は地区を構成する13の集落の活動をとりまとめ，地区の将来計画「鎮守の森構想―十三の郷づくり―」を策定している点にある．農政担当だった井上氏は「各集落はそれぞれ独自の歴史的生命空間を持っている個性的な存在」だとして，集落個性とその集合体としての地区=旧村の一体性を強調する[11]．中でも最奥に位置する29戸からなる小集落の蛇沼集落の50歳代以上の男性からなる「八の会」の取り組みは興味深い．取り組みの理由はやはり「過疎からの脱却」である．きっかけは地区内への高齢者養護施設の建設であった．地域農業の中心であるシイタケのコマ打ちに施設の高齢者を誘い出し，交流して楽しんでもらったのである．当時この施設にいた女子事務職員の協力という人的要素も大きかった（その後農政課で女性農業の旗振りをしている）．その後も東京のホームレス40人を招いての交流と自立支援，ログハウス建設とそれを拠点とした都市との交流，国際ワークキャンプの開催など，年間千人をこえる人が訪れている．また心に障害を持つ東京の子どもたちの支援など，ボランティア活動も実施している．こうして自ら社会との関わりを広げることで地域を再確認し，地域の良さを子ども

たちに伝えようとしているのである．

　また世帯数74戸の小野子集落では「小野子クラインガルテン」をつくり，都市との交流を進めている．問題意識は「遊休農地の利用・保全とIターンによる定住人口の確保」である．事業費のうち1700万円を地元が負担している．「それでも集落の未来のために」が集落の合意である．別荘感覚の市民農園は人気は高く「いつかは小野子に住んでくれるようになってほしい」ということである．

　さらに市街地に比較的近い原平集落では，「農業を考える会」をつくり，中心市街地の町内会との産直朝市を実施している．これを契機に互いの地域を訪ねるなどの相互交流が始まっている．「むら」と「まち」の交流である．

　（ロ）集落レベルの地域づくり

　集落レベルで突出した活動をしているのが下久堅地区の柿野沢集落である．柿野沢集落（地域では柿野沢区という）は市街地から車で30分，天竜川東側の河岸段丘に位置する中山間地域の一角を占め，旧下久堅村にある世帯数72戸，約280人からなる集落である．農家数は63戸，平均50aの経営耕地で，米・梅・柿・りんご・野菜・酪農を組み合わせた複合経営が行われている．しかしほとんどの農家が兼業農家で，農業を担っているのは高齢者たちである．

　柿野沢集落における地域づくりの取り組みは古く，昭和初期にまで遡る．当時の集落は南北2つの神社があったために対立し，共同がしにくい地区であった．そこで集落が1つにまとまるべく公会堂（公民館）建設が取り組まれ，これを契機に集落の状況が変化した．戦後には若者が復員してくる中で，小学校の教員である地域リーダーの呼びかけで，当時20～30歳代だった現在の世帯主層が中心になって「柿野沢の道づくり運動」がはじまった．区の最高意思決定機関である区会に，柿野沢道路整備委員会が設置され，区民からは財産割の資金が提供されるとともに，ボランティアの労働力提供によって，1,200mの道路が整備されたのである．1970年代には集落をあげて畜産基地開発事業を導入し，酪農主体の担い手の支援を行っている．さらに82

第6章　自治体農政の地域システムづくり

活き活き柿の沢をめざして.

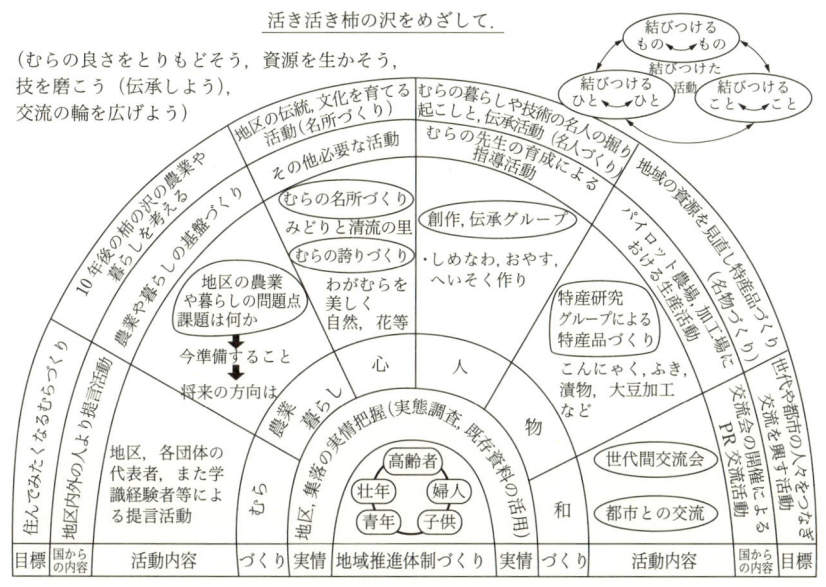

(むらの良さをとりもどそう，資源を生かそう，
技を磨こう（伝承しよう），
交流の輪を広げよう)

図6-2　柿野沢基本構想（1982年）概略版「活き活き柿の沢をめざして」

年には図6-2の「柿野沢基本構想」を独自に策定し，86年には飯田市の地域活性化事業（ムトス飯田パイロット事業）の指定を受けている．

ムトス事業では，①専業農家と兼業農家の両者を含めた地域農業の振興，②転作田の計画的利用，③急傾斜水田の樹園地への転換，④地域文化の維持，⑤学ぶ姿勢の維持といった課題が掲げられ，特に①と④については，愛知県足助町との紙漉きと野菜産直による交流，東京都世田谷区との産直交流が始まった．果樹は柿が中心で，冬期間の干し柿づくりは女性や高齢者の所得源として重要な役割を果たしている．

こうした活動はさらに，①女性グループによる味噌加工と食事の提供活動（地域の食材と伝統食を生かした「久堅御膳」の開発），②デイサービスセンターへの協力活動，③農産物の直売活動，④家の後継ぎの定住促進（後継ぎ不在は1戸のみ）と後継ぎによる「パーシモンの会」の設立といった成果につながった．女性や後継者を巻き込んだ村づくりへと進んできたのである．

また世田谷区の小学生との「ドングリの森」づくりの交流や，多くの市民が集まる「ホタル祭り」の開催などの新たな取り組みにも挑戦している．もちろん，取り組みには地域マネージメント事業の各種事業が導入されている．

現在新たに進められているのが中山間地域直接支払いを利用した集落振興である．柿野沢区を1つの団地としてまとめ，区の中に直接支払部会を設け，その中にさらに交流施設建設委員会（公民館の増築），マネージメント部会（体験交流と特産品開発），生産部会（集落営農），景観づくり部会の4部会を設け，非農家も含めた取り組みを行っている．

当面する最大の課題が集落営農づくりである．取り組みの母体である区の「生産部会」には全戸が加入し，現在は水稲の春作業受託から出発している．オペは柿野沢区が独自に担い手として認定する6人で，自家農業に専業的に従事している40～50歳代の農業者である．集落の「受託組合」が受託希望を受け付け，小学校教員が記帳係りを務める．現在39戸，集落8 haの水田のうち5 haが委託されている．秋作業については排水が悪いので機械が導入できず，現状では共同は困難である．水田の再整備が課題となっている．なお農政課としては新規参入者など新しい人材確保のためにも法人化を推進し，集落営農の先進モデルにしたいとしている（東京で乳製品加工業を営む30歳代の会社社長夫婦が，野菜づくりを目指して柿野沢区に移住する計画が進んでいる．加工を含めた新たな農業の担い手として期待されている．ワーキングホリデーがきっかけであった）．

また果樹に続く耕作放棄地を利用した農業振興対策として，ヤギの導入が進められている．市に要望して05年からはヤギの貸し付け事業も開始されている．上記の新規参入者とともにヤギ乳のヨーグルト開発を目指している．

他方，柿野沢区を含む7集落からなる下久堅地区（旧村）レベルでも，小学校を基盤に取り組みが始まっている．区の公民館と小学校が連携し，伝統産業であり伝統文化でもある紙漉を15人の高齢者が小学生に教えている．小学校には地域に残っていた紙漉施設が移設され，古い道具等も展示されている．1年生のトロロアオイの播種～4年生の紙漉まで4年間をかけて体験

し，卒業証書は自分が漉いた和紙でつくられることとなる．

2. 青森県の農業構造政策ローラー作戦と市町村農政

(1) ローラー作戦のねらいと特徴

ローラー作戦とは地域の農業者が自ら地域農業の課題を発見し，その解決策を見いだして実施するための，地域合意形成事業である．青森県ではこの合意形成なしにはハード事業等の支援策は原則として実施しないとしている．その意味で，国の「経営構造対策」の地域マネージメントの先取りともいえよう．

そのローラー作戦を編み出した前青森県農林部長の仙北氏は地域農政の「行政先行からボトムアップ方式への発想転換」「地域の創意と工夫」を強調し，地域ごとに異なるそれぞれの「優位性」「可能性」を再認識し，地域の求めに対応する政策を実施する手法として「地域選択型農政」を提起している[12]．この「地域が選択する」手法がローラー作戦であり，その特徴として以下の5点が指摘されている．

(イ) 普及的手法

後述の事例に見るように，地域合意形成の経験やノウハウのない自治体や農協が独自にローラー作戦を展開することは不可能に近い．そこで農家や自治体を指導する立場にあり，技術的な知識もあり，政策・制度に関する情報も持っている県の普及組織が先頭に立って，地域の合意形成に当たることとしている．これを「普及的手法」と呼んでおり，事例に見るように農業改良普及センターの果たしている役割は大きく，青森県では従来の技術普及・技術指導から地域農業再編の指導へと，その役割を大きく転換させようとしている．

(ロ) 取り組みの単位の明確化

取り組みでまず大事な点は地域農業問題解決のための単位を明らかにすることである．具体的には集落，旧村，自治体といったものがあげられる．つ

まり課題を解決するための取り組みの範囲である．それは課題によって規定されることとなる．

(ハ) 切り口

その地域農業構造変革の課題は「切り口」と表現される．例えばライスセンターの導入，機械の共同利用，生産組織化，圃場整備事業，付加価値のための加工施設導入等である．「単位」と「切り口」は密接に関連し合う．

(ニ) 旗振り役

問題はローラー作戦を地域で中心になって推進する担い手である．これを「旗振り役」といっている．具体的には役場，農協，地域リーダー等が考えられる．

(ホ) 熟　度

県では地域の各「単位」ごとにその熟度を測り，推進に役立てている．その熟度は「動きが見えない単位」「目標がはっきりした単位」「すでに十分な構想のもとに進めている単位」「特に考える必要のない単位」の4段階である．

(2) ローラー作戦の推進体制と実施状況

1) 推進体制

ローラー作戦の実施に当たって，県は地方農林事務所ごとに地方本部を設置し，この地方本部で各単位の取り組みに関して，各普及センターと連携している．また各単位がどのように活動し，どのような課題を抱えているのか，その実態が誰にでも把握できるよう「単位別カード」を作成している．病院でいうカルテである．これは特に普及員の異動に対応したものでもある．

2) 実施状況

まず2000年の取り組み単位の数は361である．取り組みが始まった94年が250であったので，この6年間に100単位以上の取り組みが開始されていることとなる．

第6章 自治体農政の地域システムづくり

表6-5 単位のとらえ方の推移

内　容	割　合（％）						
	94年	95年	96年	97年	98年	99年	2000年
1集落から数集落	40	35	27	34	37	44	43
旧町村の単位	31	13	17	14	14	13	12
経営分門・作型の類似	10	15	13	13	14	15	17
市町村の全域	10	10	9	7	5	5	6
生産組織	6	3	6	7	3	4	4
農協のエリア	4	4	6	6	6	5	4
地形・気候	4	11	5	4	4	3	2
基盤整備実施	4	2	4	4	5	2	2
転作への対応	0	0	4	4	4	3	3
農業への依存度	3	0	3	2	2	2	2
法人・経営体	3	3	2	2	2	2	1
市街地・近郊	2	2	2	1	1	1	1
基盤整備未実施	1	1	1	1	1	0	0
村づくり	0	0	1	1	2	0	1
地域活動	0	1	0	0	0	1	1
計	100	100	100	100	100	100	100

出典：青森県資料．

　その単位については，表6-5にみるように「旧村」や「市町村全域」を単位とする割合が，94年の41％から2000年には18％へと減少し，かわって「1～数集落」や「経営部門・作型の類似性」をくくりとした単位が50％から60％に増加している．県では「より具体的・実践的なくくりの単位に再編されてきている」と評価している．

　熟度については，「すでに十分な構想のもとに進めている単位」が同期間に13％から18％に増加し，「目標がはっきりした単位」も52％から68％に増加している．これに対して「動きが見えない単位」は34％から13％に減少している．こうして全体として熟度が上がっている．

　課題分野では「稲作」が29％から36％に増加するとともに「野菜・施設園芸・花卉」も23％から32％へと増加している．その切り口についてみると，「稲作」では作業受委託の推進，共同化・組織化の推進，土地利用調整，生産基盤・施設整備の推進の順となっている．「野菜・施設園芸・花卉」で

は産地化の推進，共同化・組織化の推進，生産技術の向上の順となっており，「リンゴ・果樹」では作業体系の改善，共同化・組織化の推進，流通・加工への取り組みの順となっている．

(3) 地域農業の支援対策

このローラー作戦の展開の支援策として次の県独自事業が創設されている．まず95年に「青森フロンティア21農業・農村活性化事業」が創設されている．これは上記のくくりの単位における合意形成のための予算である．単純に市町村平均すると1市町村当たり250万円となり，かつ100％県の補助金である．これに対するローラー作戦を実施する市町村からの評価は高い．事業は2000年に終了したが，翌01年からは「新青森フロンティア21農業・農村活性化事業」へと再編・継続されている．ただし予算額は若干縮小され1市町村当たり200万円となっている．しかし継続の検討過程では財政当局は廃止を主張したものの，県知事の強力な支援で継続できたという経緯がある．

第2は「農業構造政策推進緊急支援事業」である．これは国の事業の対象とはならないハード事業への支援策で，農機具の整備等に利用されている．事業は96年に創設され，99年に「農業構造再編強化特別事業」として再編・継続され，02年に継続事業が始まる予定としている．予算は約1億円で全体として増額されてきており，地域の要望の大きさが示されている．

第3は「稲作経営転換緊急支援事業」で，水田転作の推進を目的に，国の事業対象のならない事業を対象としたものである．これは98年に始まり，2000年には「適地適作地域営農再編誘導事業」として再編・継続され，現在その実施期間にある．予算は約8000万円で，年々増額されている．

第4は95年から99年にかけて実施された「共同防除組織等果樹産地体制強化緊急支援事業」と，2000年に再編継続され継続中の「りんご果樹産地再編強化事業」である．これはりんご等の防除機械であるスピードスプレーヤーの導入を中心に支援するものである．予算は2000年が2億円，01年が

1.8億円と特に大きい．青森県の中心作物であるりんごを対象としているためである．

　こうした事業とともに重視されている支援策が「現場の声を生かした農業政策」である．青森県ではボトムアップ型農政を実施するために，ローラー作戦を中心的に支援する農業改良普及センター等の出先機関から新規施策の提案を受ける「現場の声を生かした農業政策」づくりを実施している．01年の成果をみると，全体で107件の提案が出され，このうち32件が「次年度の予算要求に生かす」，17件が「次次年度以降検討していく」として採用されている．提案内容としては①担い手確保・経営支援に関するものが最も多く16件，②環境にやさしい農業に関するものが12件，③子供たちや若者，県民への「食」と農林水産業の啓発活動が7件と続いている．

(4)　ローラー作戦の課題—担当者の意見—

　以下はローラー作戦に取り組む現場担当者たちが指摘する課題である．

　第1は事業を推進する普及員の問題である．うまく動いている地域では普及員が自主的・積極的に動いている．しかし経験差も大きく，経験がある普及員は地域への入り方がわかっており「動ける」が，若い普及員の場合には経験が浅いために地域に入る方法がわからず「動けない」ことが多いという．こうして若い普及員などを対象とした能力開発・育成システムが求められている．

　第2は現場の主体性の問題である．産地を支える農協や農協支所が取り組みの主体となるべき場合が多いが，実際にはなかなか動かない．そこで農協とともに地域リーダー（農家）への働きかけがポイントではないかという．同時に市町村も熟度を上げるための支援が必要だという．

　第3は計画と事業の関係である．ローラー作戦は「計画→事業」が原則だが，場合によっては事業を武器に計画づくりを進める場合もある．普及員が楽をしようとすると事業だけになるが，問題は地域の熟度を上げることである．そこで地域の実情や普及の手法によっては柔軟な対応が必要ではない

かという．

　第4はくくり（合意形成・事業単位）の問題である．ローラー作戦の開始当初には旧村や市町村単位の大きなくくりが多かったが，熟度が高まり課題が明確になる過程でくくりの細分化が図られ，合意形成しやすい単位とならざるをえないという．つまり合意形成や事業の範域も地域の実情に合わせて柔軟に対応すべきだということである．

(5) 相馬村における全町一本の稲作組織化
1) 相馬村農業と稲作組織化の歴史

　相馬村は弘前市に隣接する人口 4,000 人の小規模な中山間地域の村である．01 年には誘致企業が撤退してしまい，村内には有力な企業はほとんどなく，村内約 1,000 戸の 6 割が農家という農村地帯である．しかしリンゴの商業的農業が展開し，優良産地としてブランドが確立されている．因みにリンゴ生産農家 540 戸で粗生産額は 4 億に近く，単純平均しても 1 戸当たり 700 万円にもなる．

　農地面積でみると，リンゴ園が 990 ha，水稲が 130 ha となっており，圧倒的にリンゴが多くを占めている．過剰の中でリンゴ生産農家数，面積ともにほぼ横ばいで推移している．また 1 戸当たり 1.8 ha というリンゴの生産規模は東北一だという．

　このため村の農政はリンゴに集中され，現在も国の「農業生産総合対策事業」による改植，暗きょ，防風網整備，防霜ファン整備が進められており，農道整備は完了している．また県単事業の活用はもちろん，苗木や堆肥に関わる村単事業も実施されている．

　リンゴの流通については，県内でも珍しく農協共販率が 95％ と非常に高い．後述のように，役場とともに地域合意形成の中心に農協があるのも，農協共販を背景にした農家と農協の協働関係が存在しているからである（農協は未合併で「JA 相馬村」）．

　これに対して稲作は，1 戸当たり平均 30 a と小さく，自給農家が多くを

占めている．要するにリンゴ中心でそれに付随する複合部門として稲作が存在しているのである．このため稲作の省力化が地域農業の大きな課題であった．その対策として取り組まれたのが稲作の生産組織化であった．

　稲作の生産組織化の取り組みは古い．村では72年の圃場整備事業の完了による稲作機械化一貫体系の導入を契機に，11の集落単位の生産組織を育成し，それを統括する「相馬村高度集団栽培組合連絡協議会」を設立した．それにより稲作の省力化が進むとともに，一等米比率100％という成果をあげてきた．

　しかしその後，水田転作の増加や水田のリンゴ園への転換が進み，稲作生産農家が減少し続け，機械更新時の稲作継続農家の経済的負担が増えるという問題が生じ始めた．また農家の兼業化や「いえ」の後継者の村外への流出によって農業労働力の高齢化と減少が進み，ついに稲作生産組織の解散に追い込まれる集落が出てしまったのである．この生産組織崩壊にある事情は，多かれ少なかれ全集落に共通する問題でもあり，村全体の問題として認識されることとなった．さらに当時は春作業である育苗作業の負担が大きく，特に婦人たちの負担が問題となっていた．その解決のための育苗施設の導入もまた村の課題となっていた．こうして新たな稲作生産の再編を課題とする地域合意形成の取り組みがはじまり，その支援策としてローラー作戦が導入された．

2) ローラー作戦の展開

　村におけるローラー作戦は96年から始まった．まずその年の4月に，生産組織代表と県，農協，役場の実務担当者，計23名からなる「相馬村農業構造政策推進委員会」を設立し，再編方向を模索することとした．同年には集団の問題の分析のために11集団ごとにアンケート調査を実施し，さらに先進地視察をふまえて「相馬村再編構想（案）」を作成している．この案では法人化，第三セクター，個人受託（個別規模拡大）の3方向が提起されたが，「相馬村高度集団栽培組合連絡協議会」では，当面はあまり大きく変化

させない再編の方がよいのではないか、という意見が多かったという．

こうして97年には組織再編の枠組みづくりのためのプロジェクトチームが作られた．メンバーは農家代表2名，農協3名，役場1名，県事務所1名，普及センター3名，計10名であった．そこでは留意事項として①現状の集団が受け入れやすい案であること，②具体的な数値を示し農家にわかりやすいこと，③プロジェクトのメンバーの認識が統一されていること，④だれでも加入でき排他的ではない案であること，の4点が挙げられていた．

こうしてプロジェクトチームが作成した再編枠組み案の骨子は，①現在の11集団を1組織3班体制とする，②育苗センターを建設し，新組織に安定的に苗を供給する，③既存集団の機械を買い上げ，機械作業の効率的な活用を図る，④新組織および育苗センターは99年から発足する，というものであった．また新組織の具体的内容として，①育苗センターの概要（運営主体は農協，受益面積は150 ha），②組織体制（1組織3班体制，オペレーター体制，役員体制），③利用料金，④作業機械の配置，⑤機械の買い上げの方法，⑥新組織加入要件が示されている．

この再編骨子を受けて，98年に組織運営体制づくりが取り組まれた．そこで新たに各集団代表を中心に2つの検討部会を設置している．第1検討部会は①作業の手順と作業領域，②機械作業の統一基準づくり，③オペレーター・作業員の配置，を課題に検討し，第2検討部会は①規約作成・連絡体制，②機械管理と保守点検の対応，③機械買い上げ基準と査定リスト，を課題に検討している．

3）推進過程の取り組み

県では相馬村を「ローラー作戦重点地域」に指定し，会議には普及センター職員が毎回出席し，新しい組織の経営に関する資料やシミュレーションデータを示すなど積極的に支援している．普及員には特に稲作の経営データを詳しく把握している人材がおり，具体的なデータで議論している．この検討のための会議は大小含めて，2年間で70回以上にものぼっている．2年間か

けて話し合わないと，将来の村の農業の姿が，農家の人たちに見えてこなかったという．また会議では，決定されたことを徹底するために代理出席は認めず，次回の会議の日程を必ず決めている．さらに普及センターは会議終了後，所内で決定事項を再確認・再検討し，必ず記録を残し，次回の会議では前回問題となった点の解決方向やその資料を準備している．

　前述の11の集団間には温度差があったため，時間をかけて議論している．その際「水田を100 ha残そう」を前提＝土台にしている．100 ha以下になると水田が虫食い状態になるおそれがあり，作業効率が落ちるからである．また合意形成の決め手の第1は大きな負担だった育苗作業が委託できること，第2に機械を買い上げてもらえること，第3にオペレーター賃金を高めに設定し，担い手の利益を優先したことだという．

4)「ライスロマンクラブ」の概要

　以上のような過程で村一本に再編された稲作生産組織は「ライスロマンクラブ」と名付けられた[13]．事務局は農協に置かれ，組合員数は236名，面積は約100 haである．村内を大きく3ブロックに分けて，3班体制をとっている．所有機械は，トラクタが14台，田植機が8台，コンバインが9台，畔塗り機が3台，ハローが6台である．

　組織は基本的に作業受託で，稲作の管理は各農家が担うこととしている．受託作業は①耕起・代かき，②田植え，③刈り取りの3作業である．

　10a当たり受託料金は，育苗が14,700円，耕起・代かきが9,000円，田植えが6,500円，刈り取りが11,800円，拠出金（機械買い上げ，初期機械投資費用として10年間徴収）が5,000円，共通費（組織運営費）が1,000円に設定し，全作業で48,000円である．作付け品種「つがるロマン」は単収8.5俵で1俵当たり価格が15,000円，10a当たり粗収入が127,000円となるので，農家の所得は79,000円から肥料・農薬代を引いた額となる．農家は「赤字にならなければよい」というが，実際にはプラスである．

　問題はオペレーターである．現在40人が登録しており，その平均年齢は

43歳とかなり若い．10代の者もいるという．このうち28人は認定農業者であるが，12人はサラリーマンで土日のオペレーターとなる．組織でもこうしたサラリーマンのオペレーターを積極的に受け入れている．地域農業の担い手を幅広く育成するためであり，専業農家がリンゴに集中することができるからでもある．オペレーター賃金は耕起・代かき・田植えが1時間1,500円，刈り取りが1,700円で，1日に直すと各12,000円，13,600円となる．このオペレーター賃金は直接本人に現金で支払うこととしており，若者にとっては格好のアルバイトである．若いオペレーターが多い理由はこのためだという．

5) 指導機関担当者の意見

事務局を担う農協担当者は，「途中から担当となったため，すべての会議に出席してみんなに追いつくよう努力・勉強した．いざ生産組織で作業を開始すると事務や会計など苦労した．今までにない農協の業務だったので失敗できないプレッシャーが大きかった．農家と普及センター・役場の間で中継役になるので，村内を走り回って大変だったが，今はその甲斐があったと思う」という．

推進役だった役場の女性係長は，「はじめて農政担当となったとたんに，村長に稲作集団の1本化の任務が与えられた．稲作も集団もわからなかった．1年目は何も見えず，普及センターの熱心な普及員から教えてもらったり，先進地視察でやっと方向が見えた．会議の度に集団の組合長たちとぶつかったが，具体的な数字を普及センターで作ってくれて助けられた．育苗施設の建設では，県と相談して，別々の2つの事業をうまく結合させてできた．用地買収や管理では農協が役割を果たしてくれた」という．

(6) 十和田市農政と集落単位の稲作組織化

1) 十和田市農業とローラー作戦

十和田市は長いも・ニンニクと水稲の田畑複合経営地帯である．県内でも

第6章　自治体農政の地域システムづくり

1戸当たり経営耕地面積が大きく，自己完結型の家族農業経営を担い手として育成してきた経緯がある．しかし近年の米過剰と米価の下落の中で，稲作コスト，特に農機具費の負担が重くなり，稲作のコスト低減と省力化，それによる複合部門の所得増大が地域農業の大きな課題となっている．

　この稲作部門のコスト低減と省力化のための農機具の共同化推進の手段として積極的に取り組まれているのがローラー作戦である．問題はその単位である．市では当面の単位として集落をターゲットとしている．市内には140集落あり，すべての集落でローラー作戦を展開するには限界はあるが，「まず第1段階として集落で組織化・共同化に取り組み，第2段階として複数集落を巻き込んだ集団化に取り組みたい」としている．「ローラー作戦は地域の人が課題を出し合い，自ら方向付けることがポイントで，集落によって課題や認識に差があり，最初から複数集落一本で話し合うことはできない」という．こうして現在32の集落で，稲作の省力化を共通テーマにローラー作戦が展開されている．

　その推進体制として，まず94年にJA支所単位に"指導班"体制をつくっている．これはJA支所単位にモデル集落を設定し，普及センター・農林課・JAが一体となって継続的に指導することを目的とするものである．その後，各支所のモデル集落にコンバインが導入された98年に，地区担当制である"集落実践指導活動班"体制をつくり，01年から本格的に活動を開始している．これは各JA支所が本部となり，図6-3のように農林課・普及センター・JA営農部の職員を張り付け，指導体制を明確にし，補助事業実施集落の指導のみならず，支所内の集落が相談に来ることができるシステムである．農協では「農家からの声が農協に届くようになった」と評価している．

　さらにJA支所ではそれぞれが工夫しながら農家の全世帯員を対象にしたアンケートを実施しており，これを分析して地域に"ボールを投げたい"としている．農林課職員も「農政とは集落にはいることだという意識になっている」という．

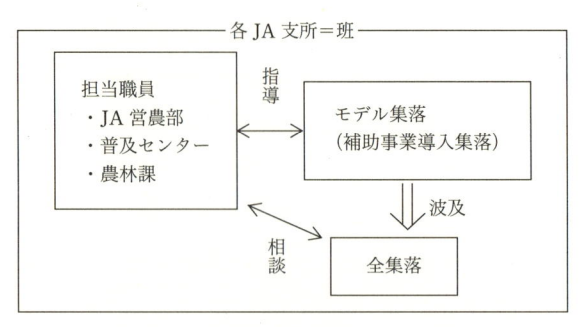

図6-3 集落実践指導活動班の体制

2) 川尻集落の取り組み

川尻集落は農家数14戸でこのうち11戸が稲作生産の組織化に取り組んでいる．集落の農地は水田が39 ha，畑が40 haとなっており，1戸当たり平均8 haにも及ぶ大規模複合経営集落である．

川尻集落を含む9集落からなる四和地区では，以前から集落単位に4条のコンバインを共同利用していた．当初は全集落で同時に更新することを考えていたが，2000年に川尻集落では他の集落よりも早くコンバインが壊れてしまい，その更新の方向をJAに相談したことを契機にローラー作戦の取り組みが始まっている．県の「農業構造再編強化特別事業」でコンバインを導入しているが，ローラー作戦による農家主体の集落農業ビジョンづくりなしにはできなかった．なお面積要件をクリアするためにJAが仲介して隣接集落の農家4戸も組織に参画している．

集落ではそれまで同様にコンバインを中心とした稲作だけの共同を考えていたが，話し合いの結果，①稲作だけでなく野菜の安定生産，低コスト，多収のための農業生産全体を含めた共同，②快適な生活のための集落環境整備，③集落に伝わる伝統食，文化，芸能の伝承という3本柱を掲げて集落づくりに取り組むこととしている．このようにローラー作戦の話し合いの中で，第1に農業生産では稲作から野菜を含む農業生産全体の共同へ，第2に農業生産から集落づくりへと，その取り組みを深化させている．

こうした合意形成には徹底した話し合いがなされている．関係者によると2年間をかけ，主として農閑期を中心に，のべ40回以上の話し合いをもったという．話し合いにはJA，普及センター，農林課も必ず出席し，普及センターが前回の議論を整理し新しい案をつくるという事務局機能を担っている．

　具体的な組織活動を整理しよう．まず農業生産では，組織そのものを前述の15戸で任意団体"グリーンファーム川尻"として再編し，国の「農地利用集積実践事業」を導入．その重点地区に指定してもらい，6年間の作業受委託契約を結ぶことで促進費（10a当たり2万円）の交付を受け，活動費としている．機械についてはコンバインのみならずトラクタと田植機も組合所有とし，それを4人のオペレーターが担うこととしている．この4人は集落も認める認定農業者である．しかもこの認定農業者の3人は複合経営の40歳代の若い担い手である．しかし単に4人のオペレーターに任せきりではなく，補助作業には集落全戸が出役し，畦畔等の草刈りを実施することとしている．要するに集落の担い手を明確にするとともに，それを全農家で支える仕組みをつくったのである．リーダーによると「どうせなら賃貸借で4人に任せてはどうかという意見も出たが，将来の集落を支えるには，みんなが農業に関わる仕組みがよい」という結論になったのだという．受託作業は稲作の3作業と，小豆（転作）の耕起，播種，収穫，ナガイモとゴボウの耕起，溝掘り，播種，収穫の各作業である．

　つぎに集落環境整備では"すみれ会"の活動があげられる．これは「集落に何もない．花でも植えてはどうか」という普及センターの提起を受けて，13戸の農家の婦人が集落を花で飾って明るくしようとつくった組織である．この組織もローラー作戦の過程でつくられ，高齢の婦人から若妻まで幅広く参加している．「とにかく空き地があれば花を植えている」という．"すみれ会"ができるまでは，農作業の忙しさから婦人たちが集まる機会はほとんどなかったが，花苗の播種や植え付け，草刈り，片づけなどの作業に，年間最低5回以上はボランティアで出役し，交流を深めている．

集落の伝統継承では，かつて集落の農家の祝い事にみんなで使用していたものの使用されなくなってしまったお膳や器など，集落で所有する伝統的な食器を再評価して，これを若いお母さん方に伝えようという取り組みが始まっている．若いお母さん方と高齢のお母さん方との交流は今までなかったという．村づくりの新しい取り組みである．

　集落農業の課題は10年後の担い手である．特に多くを占める兼業農家の場合，稲作は作業委託しながら継続できるが畑については継続できない．この問題に対応するために，将来的に"グリーンファーム川尻"を4人の認定農業者からなる法人として再編し，集落内の耕作できない農地を借地し，さらに集落内外の余剰労働力を雇用することで集落農業を守ろうという方向が検討されている．問題は農産物価格の安定性で，特にゴボウは価格が不安定である．そこでJAではスーパーとの契約生産に力を入れ，価格安定のサポートをしたいとしている．

3. おわりに

　本章では村づくりの「場」と地域農業構造政策実現のための住民参加の自治体システムに注目して検討してきた．「場」についていえば，田代氏の指摘する「課題」とともに「歴史」ないしは人々の「求心力」の重要性が指摘できよう．飯田市や十和田市の取り組みでは「歴史」と「求心力」を持つ集落が，今も「課題」の「場」となりえている．「歴史」とは取り組みの積み重ねであり，「求心力」ととともに，後述の主体性に関わる概念である．

　飯田市では「過疎からの脱却」「過疎という流れを変える」が「課題」であり，集落を守らなければ地域は守れないという危機感が集落という「場」を必然のものとしている．また柿野沢区にみるように戦前からの地域づくりの積み重ねが「求心力」となり，「課題」に立ち向かう原動力となっている．

　こうした中，飯田市では「農業振興センター」活動において「地区農業振興会」という旧村単位の組織化を新たに試みてはいるが，現在までは十分に

第6章　自治体農政の地域システムづくり

は機能していない．旧村が地域自治の重要な場であることに間違いはないが，農業振興についてはその「求心力」を発揮するための主体の統合が未だ熟していないということであろう．あるいは果樹や畑作を中心とする中山間地域では，いまなお集落個性やグループ活動といった機能集団が「求心力」を持ち続けているといえるのかもしれない．

　これに対して相馬村では基幹農業のリンゴ集出荷を未合併農協が一元的に担うという「歴史」と「求心力」をもつが故に，農協の範域である村全体が「場」として機能している．しかも水田農業の合理化が共通する「課題」と認識されている．「課題」を共有する「場」が集落を超えて広がっていたのである．大規模野菜産地の水田地帯である十和田市では，現状では集落が「場」となっており，行政はそこから集落間結合を目指す取り組みを展望している．可能な合意形成（場）から，大きな合意形成（場）へということである．

　自治体における農業振興のシステム化については，飯田市でも十和田市でも行政と農協や普及組織が一体となった指導組織をつくり，さらにその指導組織と旧村や集落をつなぐ農業振興システムが形成されている．相馬村でも行政と農協，普及組織が一体となり，地域の農家組織と十分な意志疎通を図っている．重要な点は，こうしたシステムづくりが農業関係組織と地域との意志疎通を通して農村地域における住民参加の手段となっている点である．

　しかしそれにしても，事例を通して分かるのは，「場」とシステムをつなぐのが「主体＝人」だということである．しかも地域住民，行政担当者，農協職員という地域に関わる様々な「主体」の努力があって，はじめて「場」とシステムが動いていることが分かる．逆にいえば，各「主体」の力を発揮しやすくするのが「場」でありシステムだということである．

　とはいえ飯田市に見るように，単なる職員の「努力」「自己犠牲」ですまない時代に突入している．国からの「行財政改革」が迫られる中，地域（現場）から本当の行財政改革を進めるとともに，それを担う自治体職員，さらには農協などの農業関連組織の職員の在り方を積極的に示していくこと

が求められているのである．

注

1) 田代洋一「日本農村の主体形成」同編『日本農村の主体形成』筑波書房，2004年．
2) 田代洋一「地域農業再編主体の今日」同編『日本農業の主体形成』筑波書房，2004年．
3) 小田切徳美「自立した農山漁村をつくる」大森・卯月・北沢・小田切・辻共著『まちづくり読本』ぎょうせい，2004年．さらに氏は，この中で農水省「むらづくり維新対策」と総務省「わがまちづくり支援事業」をあげ，集落規模を超えるむらづくり基盤の広域化が政策的にも追求されていることをもって，広域化の正当性を主張している．しかしこれらは市町村合併と過疎化・高齢化，を背景にした，交付金削減のための地方自治合理化のための上からの自治体再編対策という面を持つのではないか．
4) 岡崎昌之「コミュニティ・ガバナンスと地域経済振興の新しい視点」自治体学会編『コミュニティ・ガバナンス』第一法規，2004年．「地縁型自治組織」とは従来の地域社会の秩序維持を主目的とするだけではなく，地域経済振興等に積極的に取り組むもので，事例として住民共同出資の農産物直売所経営や，広島県高宮町の「川根振興協議会」の取り組みがあげられている．「テーマ型自治組織」とは特定のテーマによって個人がネットを形成する地域組織である．都市での取り組みから始まり，近年には農村部にも広がっているとし，愛媛県内子町の石畳地区「石畳を思う会」のグリーンツーリズムの取り組みが紹介されている．「中間組織型自治組織」とは行政と住民とを連携するような地域的組織で，地元住民と外部専門家からなる組織が念頭に置かれており，山梨県早川町「日本上流文化圏研究所」，熊本県小国町「(財)学びやの里」等が事例としてあげられている．
5) 例えば，卯月盛夫「住民参加で職員・住民を鍛える」上記『まちづくり読本』．
6) 二宮厚美「スリム化される自治体の変質と公務労働の課題」自治体問題研究所編『「構造改革」戦略と自治体』自治体研究社，2004年．
7) 重森暁「公共性と公務労働」横倉節夫・自治体問題研究所編『公民の協働とその政策課題』自治体研究社，2005年．
8) 神野直彦「新しい市民社会の形成」神野直彦・澤井安勇編著『ソーシャルガバナンス』東洋経済新報社，2004年．
9) 農文協文化部『農工商が結びつく町』農村文化運動114，農文協，1989年．
10) 井上弘司『食農教育で農都両棲の地域づくり』農村文化運動164，農文協，2002年．井上氏は地域マネージメント事業に長く携わり，中心となって地域活

性化に取り組んできた人物である．また都市農村交流を推進した中心人物でもある．本書では飯田市の地域活性化の取り組みや地域マネージメント事業が詳しく紹介されている．
11) 同上書，36ページ．
12) 仙北富志和『地域農政の展開手法』RABサービス，2002年．
13) 相馬村のライスロマンクラブの取り組みについては，宇野忠義「全村ぐるみの稲作生産組織化とリンゴ経営」田代洋一編『日本農業の主体形成』筑波書房，2004年を参照．

あ と が き

　先月，財務省「財政制度等審議会」が財務大臣に『歳出・歳入一体改革に向けた基本的考え方について』を建議した．そこでの地方財政の「中期的な歳出改革方策」では以下のように述べられている．すなわち，「行政のスリム化と歳出削減」の項では，①バブル期前後の地方の一般歳出の高い伸びは，地方単独事業が突出して伸びたためであり，その後も依然として国よりも高い水準にあるため，これが問題で，②最近5年間では地方財政計画の6.2兆円削減の努力がすすめられているが，地方はさらに地方単独事業・公務員給与の削減に努力すべきであり，③特に地方の特別会計・公営企業・第三セクター等の財政支出は厳に抑制すべきと指摘されている．さらに「国・地方のバランスの取れた財政再建の実現」の項では，①国と地方という「車輪」のバランスが重要であり，②基礎的財政収支をみると国は赤字だが地方は黒字に転じ，さらに国の対 GDP 長期債務残高は上昇し続けており，地方よりも国の財政の方が厳しい，③地方債の信認には国の信認が必要であり，国の信認には国家財政の健全化が重要であり，④地方財政は歳出削減努力で財源不足は縮小されており，このままでは法定率による交付税交付額が地方の財源不足額を超える事態となるので，⑤そうすれば地方が地方単独事業などで財政支出を増加（無駄づかい…筆者）してしまうことになりかねず，⑥そもそも交付税の原資は国民全体のものであり，「交付税は地方が用いるもので，国の財政健全化に用いるべきではない」という考えは国民の意図と乖離しているから，⑦地方財政の法定率を引き下げて国民負担の軽減につなげるべきである，としている．要するに地方には財政削減の努力をさせ，それで浮いた財源を交付税から取り上げ，国の財政再建に補てんしようというのである．地方分権のための税源移譲など全く視野になく，「車輪」のうちの国こそが

あとがき

重要だという，あからさまな国家（官僚）中心主義の主張である．

実はこれに1カ月先だって，新地方分権構想検討委員会が『豊かな自治と新しい国のかたちを求めて―地方財政自立のための7つの提言と工程表―』（分権型社会のビジョン・中間報告）を発表している．ここでは「「公共」を役所と官僚と考えてきた日本社会の常識を根底から見直し……「ニア・イズ・ベター」という補完性と近接性の原理を基盤に，自治体に力を集め……「自分たちのまちのことは自分たちで決める」という住民自治を強める改革」を進めるとし，そのためには特に地方税の充実強化＝大幅な税源移譲が不可欠としている．そして"国から地方がいただく"というイメージの強い「地方交付税」を「地方共有税」へと変更し，地方のセーフティーネットのための共同の独自財源とすべきであると提案している．上記の「財政制度等審議会」建議は，この「中間報告」を真っ向から否定することを目的に打ち出されたといってもよい．このように地方分権の焦点である財源移譲をめぐっては，国（官僚）と地方とのせめぎ合いが続いている．

しかし農政分野では問題の構図は単純ではない．それは農政が国民への食料供給とその前提となる農地・国土保全という国家的課題であり，同時に個性的で豊かな農業・農村づくりという地方の課題と重なるからである．

本書の前半で検討した土地利用計画・農地保全制度問題をみてみよう．国に求められているのは，国家レベルでの「開発不自由原則」の確立である．地方の個性的なまちづくりや農林地保全を可能にする仕組みは，その上に保証されることとなる．しかし，①開発自由原則の下での限定された緩やかな国家的土地利用規制の上にさらなる「規制緩和＝地方分権論」を適用し，計画と分権の名の下に開発自由を押し広げようとしたり，②農地転用規制の根幹である農地法を単純に否定する株式会社参入とセットとなった（実現可能性のない）「農地利用規範（感情・情緒）論」（たとえば永久農地論）を展開し，結果として国家主権の重要な構成要素である食料安全保障のための農地保全の法的根拠を掘り崩し，国家がなすべき政策課題への政策化努力の希薄化が進んでいる．

これに対抗して地方では自治体レベルの条例による土地利用コントロールの取り組みが始まっている．ポイントは，限界はあるものの現行の個別土地利用規制を最低限の規制として受け止め，その上に住民合意の土地利用規制を自主的・主体的に構築する点にある．住民合意の基盤は農業・農地保全を含めた里づくり（村づくり）である．特に混住化が進む中では，住民合意には広く地域の在り方を当必要がある．しかし，自然発生的に取り組みが始まるわけではない．自治体職員の政策形成能力，地域リーダーの努力，住民の学習活動など，まさに自治体をあげての主体性が発揮される必要がある．

　担い手対策はどうであろうか．国は産業政策としての担い手政策と地域政策とを切り離し，担い手対策を経営政策に純化させている．しかし地域における担い手とは農業・経営の担い手であるとともに地域社会の担い手でもある．こうして国の目指す担い手も，現実の地域農業と地域社会を支える兼業従事者や女性，高齢者を含めた担い手や，さらに集落営農組織化，市町村農業公社，「公的」農業法人など，総力戦を展開している．とはいえ，その将来の視界は決してよくない．それは総力戦を担う多様な担い手の組織化や集落営農組織化が，グローバル化に耐えうる経営として持続性を持ち，同時に定住と安定の地域社会としての持続性を持つことができるか，まさに正念場にあるからである．こうして，現場である地域では「経営」と「地域」の両立にチャレンジしている．担い手の持続性なしには地域は存続できないが，同時に地域がなければ担い手も存続できない，というのが現実である．

　こうしたチャレンジを支えているのが参加であり，今流行の言葉で言えば「協働」「ガバナンス」である．自治体職員の地域農業構造の政策形成能力，地域に積極的に入っていく行動力，地域リーダーの組織力，地域住民の問題認識力と実践力，地域に住む全ての人々の参加が，新たな展望を切り開こうとしている．その向こうには，幅広い市民の農業・農村理解と，そうした人々の農民化（農業への新規参入）というさらなる参加・協働の広がりが展望できるように思われる．

　本書の執筆に当たっては多くの方々からご指導と励ましをいただいた．本

あとがき

書はこれまでの農村調査をベースとしているが，特に全国農地保有合理化協会，アグリビジネスセンター，農政調査委員会には多くの調査の機会を与えていただいた．調査研究会では特に田代洋一，田畑保，後藤光蔵，島本富夫，八木宏典，井上和衛の各氏にご指導いただいた．感謝する次第である．

しかし執筆には長い期間を要してしまった．もちろん私の怠慢によるものであるが，職場である高崎経済大学地域政策学部の新学科創設（観光政策学科）に関わったり，地域政策学部が中心となり設立した日本地域政策学会の事務局長や，当学会が主催した東アジア農業・農村地域政策シンポジウムの事務局を務めたり，さらには高崎地域合併協議会委員を仰せつかるなど厳しい環境が続いた．心配する吉田俊幸研究科長には「どうせ誰も読まないのだから早く出せ」と叱咤激励された．「誰も読まないなら，せめて自分の納得のいく本を」と抵抗してみたが，結果はご覧の通りである．氏の励ましがなければさらにズルズルと長引いたであろう．やはり感謝するばかりである．

本書は高崎経済大学後援会の出版助成を受けている．助成を受けるに当たっては石井學高崎経済大学前学長と山田富二後援会長，大宮登地域政策学部長に大変お世話になった．にもかかわらず出版の期限を大幅に超えてしまった．我慢強く見守っていただいた三氏に感謝したい．また調査研究には文部省科学研究費と高崎市の市費研究助成をいただいているが，特に高崎市の暖かいご支援に感謝したい．

小田切徳美氏と吉田俊幸氏にお誘いいただいて，新設されたばかりの高崎経済大学地域政策学部に赴任し，早10年が過ぎた．かの研究科長には「もう歳なのだから研究はあきらめて教育と学部運営に協力するように」と言われ，ささやかな抵抗はしているものの，地域貢献を旨とする本学部からすれば，それもまた道なのかと思う．今後はこれまでフィールドとしてきた自治体の職員や地域の皆さんになにがしかの貢献ができればと思っている．

最後に，ねばり強く原稿を催促し続け，そして的確なアドバイスをしてくれた日本経済評論社の清達二氏に感謝したい．

       2006年の七夕に 著　者

初 出 一 覧

第1章「農地保全をめぐる政策展開と課題」高崎経済大学附属産業研究所編『循環共生社会と地域づくり』日本経済評論社，2005年3月

第2章「農村土地利用と土地利用調整条例」高崎経済大学地域政策学会『地域政策研究』8巻3号，2006年3月

第3章「自治体の都市農業政策と里づくり」田代洋一編『日本農村の主体形成』筑波書房，2004年4月，および「まちづくり協定による田園空間の保全－長野県穂高町の事例－」農政調査委員会『平成13年度農村集落構造分析調査委託事業報告書』2002年3月

第4章「現代農政と地域農業」高崎経済大学地域政策学会『地域政策研究』第2巻3号，2000年1月，および「地域農政と地域マネージメントの展開」高崎経済大学附属産業研究所『産業研究』第37巻第2号，2002年3月

第5章「地域農業構造政策と市町村農業公社」全国農地保有合理化協会『土地と農業』，28号，1998年3月，および「山口県阿武郡阿武町宇生賀地区」全国農地保有合理化協会『平成14年度事業効果フォローアップ検討調査（農地流動化促進効果調査）報告書』2002年3月

第6章「地域農政と地域マネージメントの展開」高崎経済大学附属産業研究所『産業研究』第37巻第2号，2002年3月，および「参加型地域農業政策の展開－青森県「農業構造政策ローラー作戦」を事例に－」高崎経済大学地域政策学会『地域政策研究』第5巻2号，2002年11月

　本書の元となったものの初出誌は以上のとおりであるが，いずれも大幅に加筆・修正している．

［著者紹介］

村山元展
むらやま もとのぶ

高崎経済大学地域政策学部教授．1957年生まれ．岩手大学農学部卒，東京大学大学院農学系研究科博士課程修了（農学博士）．
主著（いずれも共著）
高崎経済大学附属産業研究所編『循環共生社会と地域づくり』日本経済評論社，2005年，田代洋一編『日本農村の主体形成』筑波書房，2004年．
E-mail：murayama@tcue.ac.jp

地方分権と自治体農政

2006年8月15日　第1刷発行

定価（本体3200円＋税）

著　者　村　山　元　展
発行者　栗　原　哲　也
発行所　株式会社　日本経済評論社
〒101-0051　東京都千代田区神田神保町3-2
電話 03-3230-1661　FAX 03-3265-2993
振替 00130-3-157198

装丁・渡辺美知子　　　　　中央印刷・山本製本

落丁本・乱丁本はお取替えいたします　　Printed in Japan
© MURAYAMA Motonobu 2006
ISBN4-8188-1839-9

・本書の複製権・譲渡権・公衆送信権（送信可能化権を含む）は（株）日本経済評論社が保有します．

・JCLS〈（株）日本著作出版権管理システム委託出版物〉
本書の無断複写は著作権法上での例外を除き禁じられています．複写される場合は，そのつど事前に，（株）日本著作出版権管理システム（電話 03-3817-5670，FAX 03-3815-8199，e-mail：info@jcls.co.jp）の許諾を得てください．